AF864662

Mission : Microbiome

Les héritiers de Metchnikoff

Patrick Veiga

Version anglaise disponible :

Mission: Microbiome – Metchnikoff's Legacy

Plus d'informations : missionmicrobiome.com

Copyright © 2025 Patrick Veiga

Tous droits réservés.

ISBN : 978-2-9598305-1-8

Dépot legal fevrier 2025

À Luce, Abigail, Joao et mes parents.

TABLE DES MATIÈRES

PRÉFACE

Avec Mission : Microbiome - *Les Héritiers de Metchnikoff*, Patrick Veiga nous plonge avec brio dans le monde de la recherche scientifique dans le domaine du microbiote. Le choix du roman est inédit et aurait pu rendre difficile le remarquable transfert de savoir sur le microbiote que l'auteur a su glisser tout au long d'une aventure haletante et réaliste.

Après 40 ans d'exercice du métier de chercheur dans le domaine du microbiote intestinal, le constat de l'importance qu'a pris le sujet auprès du grand public reste pour moi une énigme. Pour les scientifiques, deux moteurs évidents ont été les avancées des techniques d'analyses moléculaires et de la science des données qui progressent toujours et permettent aujourd'hui de mettre en œuvre des projets de science participative impliquant des dizaines de milliers de volontaires, mais aussi le constat alarmant du caractère épidémique des maladies chroniques dont l'incidence ne cesse d'augmenter de façon incontrôlée depuis trois générations. L'altération de la relation entre l'humain et les microbiotes qui le constituent est au cœur de cette épidémie. Quelques écrits comme *Les charmes discrets de l'Intestin* (Giulia

Enders) ou *L'incroyable pouvoir du microbiote* (Erica & Justin Sonnenburg) et de très nombreux livres publiés depuis y auront évidemment également contribué. Je suis persuadé que *Les Héritiers de Metchnikoff* trouvera sa place parmi les ouvrages impactants.

J'ai suivi le parcours professionnel de Patrick Veiga dès ses débuts à l'INRAE à l'occasion de son stage de fin d'études d'école d'ingénieur puis de sa thèse ; nous avons ensuite collaboré quand il encadrait la recherche sur le microbiote au sein d'un grand groupe agro-alimentaire ; et je l'ai vu avec plaisir rejoindre nos équipes académiques en 2022. Nos travaux communs ont porté sur la symbiose humain-microbes dont l'altération induit ou entretient les grandes maladies des sociétés modernes allant des troubles intestinaux au cardiométabolisme, et des inflammations digestives et articulaires aux cancers intestinaux, mais aussi aux contextes neurodégénératifs ou neuropsychiatriques. Nous avons documenté l'existence de points de bascule vers la maladie. Aujourd'hui, Patrick explore le potentiel d'action de la nutrition sur la préservation d'une relation humain-microbes promotrice de santé et préventive de troubles chroniques, avec l'espoir d'avancer vers une personnalisation des recommandations de nutrition-santé. Être parmi ses premiers lecteurs et découvrir ses qualités insoupçonnées de romancier a été un vrai bonheur pour moi.

A travers un flash-back habile et légitime, Patrick Veiga nous replace dans l'héritage d'un tournant unique de la microbiologie où ces microorganismes que l'on voyait avant tout comme des agresseurs à éliminer ont gagné la reconnaissance de leurs rôles bénéfiques au service de toutes formes de vie. Nombreux sont les scientifiques du microbiote qui se sentent effectivement héritiers de cette période charnière où, en France, quelques élèves de Louis Pasteur ouvrent la voie à l'utilisation de microbes vivants pour la prévention et la thérapie. Un siècle plus tard, des innovations voient encore le jour qui laissent entrevoir des potentiels majeurs de la médecine de l'humain-microbien.

La science du microbiote nous invite de plus en plus à transformer nos habitudes de vie, notre alimentation et notre médecine. C'est ce message que le roman *Les Héritiers de Metchnikoff* porte très haut. Il nous guide ainsi vers une prise de conscience de l'importance fondamentale des microorganismes pour la santé de la planète et l'avenir des écosystèmes, des plantes, des animaux et de l'humanité.

Joël Doré,
Directeur de Recherche, INRAE
Janvier 2025

CHAPITRE 1

13 juillet 2022

La soirée battait son plein dans un pub irlandais du cœur de Boston. Sous les voûtes en bois sombre, dans une ambiance où les rires et les discussions animées se mêlaient au tintement des verres, une effervescence particulière régnait. Au centre de cette effervescence, Andrew rayonnait. Chef de laboratoire, mentor admiré, il était entouré de ses étudiants et jeunes chercheurs. Ce soir-là, ils ne célébraient pas seulement une avancée scientifique. Non, ils savouraient l'ivresse d'une découverte qui, Andrew en était persuadé, pourrait révolutionner notre compréhension du rôle du microbiote dans la santé humaine. Pour lui, ce n'était pas juste un moment de fête : c'était le début de quelque chose d'immense, une promesse que la science allait encore une fois changer le monde.

Soudain, Mary, l'une des chercheuses, reconnaissable à sa chevelure rousse flamboyante, se leva d'un bond, une étincelle malicieuse brillant dans ses yeux. Elle improvisa une chanson en l'honneur d'Andrew, provoquant une explosion de rires et d'applaudissements dans la salle.

Bientôt, les autres se joignirent à elle, reprenant en chœur son hommage musical, agrémenté de clins d'œil complices et de plaisanteries bienveillantes. Andrew, visiblement pris au dépourvu mais touché, sentit ses joues rougir. Un sourire sincère et large illumina son visage, tandis que l'énergie collective de son équipe l'enveloppait dans un moment de pure camaraderie.

En retrait, deux invités observaient la scène avec amusement et admiration. Rafael, venu de France, et Reiko, arrivée du Japon, étaient les deux collaborateurs internationaux d'Andrew. Ce moment de communion scientifique et humaine les touchait profondément. Lorsque leurs regards croisèrent celui d'Andrew, un sourire complice se dessina sur leurs lèvres, comme pour saluer à leur manière la portée de ce qu'ils avaient accompli ensemble.

Andrew, un verre à la main, se tourna alors vers ses deux collègues. Dans un geste chaleureux, il fit tinter son verre contre les leurs, son sourire illuminant son visage. Le silence s'installa brièvement tandis qu'il levait son verre un peu plus haut, prêt à prendre la parole.

— Avant tout, je tiens à exprimer ma gratitude envers mes extraordinaires collaborateurs, des microbiologistes d'exception dans leurs pays respectifs : Rafael et Reiko ! Ces cinq années de travail acharné et de défis partagés n'auraient jamais pu aboutir sans vous deux, ni sans cette collaboration internationale qui a été la clé de notre réussite.

Il se tourna vers Rafael.

— Rafael, « mon cher ami », dit-il en français avec un fort accent américain… Merci de m'avoir initié à ton amour du vin et au mystère de ce qu'on appelle « la pause déjeuner de deux heures » ! Je me suis toujours demandé si c'était un mythe, mais maintenant, je sais que c'est la recette secrète de ton génie.

La salle rit, et Andrew se tourna ensuite vers Reiko.

— Quant à toi, Reiko… Tu es la seule personne capable de repérer un détail caché dans un tableau Excel de 200 colonnes en moins de 30 secondes ! Je pense que la CIA pourrait te recruter pour traquer les anomalies les plus subtiles.

Les rires résonnèrent à nouveau dans la pièce.

— À Rafael, à Reiko, et à toutes les incroyables découvertes à venir ! lança Andrew avec enthousiasme, levant son verre pour les saluer.

Rafael répondit par un sourire aussi radieux que celui de son ami américain. Toujours empreint d'une certaine nonchalance, Rafael possédait ce charme à la française que Reiko qualifiait, non sans amusement, de « sérieusement décontracté ». Derrière ses airs détendus, il possédait une perspicacité scientifique rare, et Andrew le savait. Reiko, quant à elle, incarnait une élégance discrète, typique de tant de Japonaises. Mince et aux traits délicats, elle montrait rarement son enthousiasme, mais ce soir-là, elle ne put retenir un sourire ému. Vêtue de manière sobre mais impeccable, elle incarnait la rigueur et la précision, des qualités qui faisaient d'elle une chercheuse exceptionnelle, redoutée et respectée dans son domaine. Andrew et elle partageaient un lien scientifique fort, né d'une compréhension mutuelle du sérieux et de l'importance de leur mission.

Tous trois savouraient cette victoire scientifique comme un moment d'exception. Ils avaient réussi à la porter jusqu'aux pages de la prestigieuse revue scientifique *Nature*. C'était une reconnaissance ultime dans le monde de la recherche, une consécration qui les plaçait aux côtés des plus grands noms de la science.

Ils célébraient cette réussite dans un bar en face du *Faneuil Hall*, bâtiment historique de Boston qui, depuis le XVIIIe siècle, avait vu des générations de Bostoniens se rassembler pour débattre, partager et rêver. La structure en briques rouges, les arcades élégantes et l'agitation des foules rappelaient à Andrew combien il aimait cette ville.

Cette soirée n'était pas seulement celle de l'annonce de la publication majeure de résultats qui pourraient changer le monde ; elle marquait aussi l'importance de ces liens tissés au fil des années, de cette passion partagée. Les voix résonnaient dans le bar, ajoutant leur note à l'effervescence de l'endroit, comme pour inscrire ce moment dans le cœur battant de Boston.

— À nous trois, et à ce fichu gène *clpO* ! lança Rafael en français, faisant sourire Reiko, qui comprenait assez pour partager le toast.

— On peut dire qu'on le mérite ! répondit Andrew, qui portait le sourire éclatant d'un homme au sommet de son succès. Ce gène, c'est notre graal, et cette publication va enfin faire bouger les lignes !

Reiko, portée par l'enthousiasme contagieux de ses collègues, laissa ses pensées vagabonder sur l'importance de leur découverte. Ils avaient publié une étude révolutionnaire sur un gène unique, *clpO* — prononcé « Clip O ». Ce gène, niché dans le microbiote intestinal des Américains, pourrait bien être la clé de l'épidémie galopante d'obésité qui frappe le pays.

Elle se remémora le chemin parcouru, chaque étape marquée par des années de recherches, de doutes, mais aussi de percées audacieuses. Tout avait commencé en 2006, lorsque l'équipe du Dr Jeffrey Gordon de l'université de Washington avait démontré qu'une souris maigre devenait obèse après avoir reçu le microbiote d'une souris obèse. Cette révélation, presque choquante à l'époque, avait bouleversé la compréhension du rôle du microbiote dans la santé humaine.

Reiko sentit une fierté monter en elle. Aujourd'hui, grâce à leurs propres travaux, ils avaient franchi une nouvelle frontière. En mettant au jour le gène *clpO*, ils avaient découvert le mécanisme précis qui reliait le microbiote à l'obésité. Ce n'était pas seulement une explication ; c'était une porte ouverte sur des perspectives inédites. Une lueur d'espoir, un avenir où cette épidémie pourrait être non seulement comprise, mais aussi combattue.

Pour Reiko, ce moment représentait l'aboutissement d'un rêve que peu auraient osé formuler quelques années auparavant. Une avancée que l'Histoire pourrait bien retenir comme un tournant décisif dans la lutte contre l'obésité.

Alors qu'ils levaient leurs verres pour célébrer leur travail, Andrew aperçut une femme debout à quelques mètres, son regard fixé sur leur groupe. Ses cheveux noirs encadraient un visage délicat, illuminé par des yeux d'un bleu captivant. Elle portait, comme eux, un badge du congrès auquel ils avaient tous assisté plus tôt dans la journée, preuve qu'elle n'était pas là par hasard. D'un geste spontané, il lui fit signe de se joindre à eux.

— Vous êtes là pour le congrès, non ? Venez trinquer avec nous ! lança-t-il.

La femme s'approcha avec une assurance tranquille, son sourire s'élargissant à mesure qu'elle prenait place en face d'Andrew.

— Tatsiana, dit-elle en tendant la main. Je suis chercheuse à Sofia, en Bulgarie.

Andrew lui retourna un sourire accueillant, puis ils échangèrent quelques banalités sur le congrès, les recherches en cours et le foisonnement des découvertes qui y étaient présentées. Puis elle lança :

— Votre présentation aujourd'hui était fascinante. Ce gène que vous avez trouvé… il pourrait vraiment tout changer dans la lutte contre l'obésité, n'est-ce pas ?

Andrew acquiesça, flatté.

— C'est une percée importante, oui, et nous avons des données convaincantes qui pourraient même changer notre compréhension du microbiote. Mais il reste des mystères, des choses que nous avons à peine effleurées et que nous n'avons pas pu inclure dans notre publication, faute de résultats robustes.

Le regard de Tatsiana s'illumina d'intérêt.

— Des mystères ? dit-elle en se penchant légèrement vers lui. Comme quoi ?

Andrew hésita un instant, son regard cherchant celui de Tatsiana, comme s'il pesait ses mots.

— Non, je ne peux pas en parler ici, et c'est un peu plus complexe que ça, répondit-il finalement, d'un ton prudent.

Avant que Tatsiana ne puisse insister, l'ambiance de la soirée changea brusquement. L'un des étudiants cubains du laboratoire d'Andrew lança une chanson de salsa endiablée de Marc Anthony, et en un instant, l'énergie dans la salle changea radicalement. Andrew sourit instinctivement en entendant les premières notes.

— J'adore la salsa, confessa-t-il à Tatsiana, un éclat de malice dans les yeux. Je m'y suis mis parce que je reçois beaucoup d'étudiants et de post-doctorants portoricains et cubains dans mon labo. Et, vous, vous dansez la salsa ?

Tatsiana répondit avec un brin de défi dans la voix :

— Je ne me débrouille pas trop mal. Je suis allée plusieurs fois à Cuba.

Andrew n'hésita pas une seconde de plus et tendit la main.

— Alors, montrez-moi vos talents.

Ils se levèrent et, en un instant, se retrouvèrent au milieu de la piste, leurs pas parfaitement synchronisés avec le rythme effréné de la musique. La salsa, vive et captivante, les enveloppait. Andrew, bien qu'amateur, se débrouillait étonnamment bien, son sourire trahissant le plaisir sincère qu'il prenait à partager ce moment. Tatsiana, quant à elle, dansait avec une aisance naturelle, son corps suivant les rythmes complexes comme si elle était née pour ça. À mesure qu'ils enchaînaient les tours et les mouvements, leurs gestes s'accordaient de plus en plus naturellement, et une complicité inattendue se tissa entre eux, mêlant rires sincères et regards furtifs.

— La salsa, une danse internationale qui unit, lança Andrew, essuyant une perle de sueur sur son front.

Non loin d'eux, Rafael et Reiko, encore hésitants, observaient la scène avec une curiosité mêlée d'envie. Finalement, cédant à l'enthousiasme ambiant, ils se laissèrent entraîner sur la piste. Leur maladresse initiale provoqua quelques rires, mais très vite, ils furent pris au jeu, leurs visages s'illuminant à chaque mouvement.

La salsa, avec son rythme enivrant, transformait la piste en un espace de célébration pure, où les barrières s'effondraient pour laisser place à une euphorie collective. L'alcool contribuait à détendre l'atmosphère et à libérer les corps, faisant tomber les dernières résistances.

Peu après minuit, la dynamique changea. Un étudiant, adepte d'un autre registre musical, prit le contrôle de la playlist. Les premières notes de *Uptown Funk* de Bruno Mars jaillirent des enceintes, marquant une transition vers des morceaux pop plus modernes.

Progressivement, au fil des heures, l'intensité de la soirée diminua. Les éclats de rire se firent plus rares, remplacés par des conversations douces et détendues. Les groupes commencèrent à se disperser, quittant la salle avec des sourires fatigués mais empreints de satisfaction.

Vers une heure du matin, seuls quelques irréductibles restaient encore. L'énergie de la fête s'était apaisée, laissant place à une atmosphère sereine.

Tatsiana se tourna vers Andrew, alors qu'ils étaient seuls à une table :

— Professeur, vous avez mentionné qu'il restait des mystères à élucider autour de *clpO*, dit-elle d'une voix douce et à la fois enjouée. Cela attise ma curiosité.

Elle effleura le bras d'Andrew du bout des doigts, un geste en apparence accidentel mais subtilement calculé. Son sourire, à la fois séduisant et mystérieux, ne laissait aucun doute sur son intention de capter toute son attention.

Andrew rougit. Cela faisait longtemps qu'une femme ne lui avait fait des avances. En réalité, il se demanda même si ce n'était pas la première fois. Son esprit oscillait entre le charme troublant de Tatsiana et une petite voix intérieure qui lui rappelait de ne pas se faire d'idées. Peut-être qu'elle voulait simplement parler de travail ?

— Vous avez raison, répondit Andrew avec une certaine maladresse. Mais ici, c'est trop bruyant. Mon appartement est à deux pas.

Tatsiana le regarda, amusée, et accepta d'un sourire.

Les deux chercheurs quittèrent le quartier du *Faneuil Hall* et s'engagèrent sur State Street, leurs pas résonnant sur le pavé. En passant devant la *Old State House*, Andrew ne put s'empêcher de jeter un regard furtif à cet édifice chargé d'histoire, là où, en 1776, la Déclaration d'indépendance des États-Unis avait été proclamée. Quelques minutes plus tard, ils arrivèrent devant le gratte-ciel imposant où vivait Andrew. Ils entrèrent et prirent l'ascenseur jusqu'au 38e étage. Depuis l'appartement, la vue sur Boston était à couper le souffle. En contrebas, le *Boston Common* s'étalait comme un écrin de verdure sombre, tandis que le dôme doré de la *Massachusetts State House*, siège du gouvernement de l'État, scintillait sous les lumières nocturnes, tel un phare veillant sur la ville. Plus loin, la *Charles River* miroitait doucement, renvoyant les reflets dansants des gratte-ciel et des ponts illuminés, créant une scène presque irréelle.

Andrew, encore grisé par l'euphorie de la soirée, s'approcha du réfrigérateur et sortit une bouteille de champagne.

— Une chose que Rafael m'a apprise : toujours avoir une bouteille de champagne au frais ! Ces Français… J'adore leur sens de la fête. À notre publication !

Il versa une coupe à Tatsiana, qui le remercia d'un clin d'œil, prit son verre et s'approcha de la fenêtre pour admirer la vue. Andrew, lui, restait figé, son esprit pris dans une boucle de pensées incessantes. Une femme, chez lui ! L'idée même lui semblait irréelle. Que devait-il faire maintenant ? Comme un réflexe, un refuge, il revint à ce qu'il maîtrisait le mieux : la science. Il saisit son ordinateur et le posa sur la table.

— Je vais vous montrer ce dont je vous parlais plus tôt, dit-il en allumant l'écran. Voici d'abord la structure du gène *clpO* que nous avons découvert. Ce gène ressemble beaucoup au gène *clpB*. Vous connaissez ce gène ?

Tatsiana hocha la tête.

— Bien sûr, répondit-elle. *clpB* est un gène produit par une bactérie du microbiote, et il a une particularité fascinante : sa structure ressemble beaucoup à celle d'une hormone humaine appelée alpha-MSH, qui stimule la satiété et agit comme un coupe-faim. Une équipe de l'université de Rouen, en France, a montré que *clpB* agit comme un mimétique de l'alpha-MSH, c'est-à-dire qu'il imite son action et est capable de réduire l'appétit.

— Tout à fait, Tatsiana ! Je vois que vous êtes bien au courant !

— Oui, surtout qu'une boîte de probiotiques a été lancée sur la base de cette découverte. Un probiotique qui produit ClpB et augmente la satiété ! J'ai été l'une de leurs premières clientes…et j'ai perdu quelques kilos.

— Cela explique vos courbes superbes…

À ces paroles, Andrew rougit un peu, réalisant que ses propos pouvaient être déplacés. Avait-il dépassé la ligne ? Tentant de recadrer la discussion, il reprit.

— Revenons à *clpO*. Ce gène ressemble à *clpB*, mais il se distingue par un motif qui en fait son opposé. *clpO* augmente la sensation de faim ! Nous l'avons démontré chez la souris. Ce gène est une signature des individus obèses. Comme nous l'expliquons dans notre publication, ce gène est largement présent chez les Américains, modérément répandu chez les Français et quasiment inexistant chez les Japonais. Une répartition qui correspond parfaitement aux taux d'obésité observés dans ces pays : plus de 40 % aux États-Unis, 17 % en France, et à peine 5 % au Japon. Ce gène inciterait les individus qui en sont porteurs à manger au-delà de leurs besoins. En d'autres termes, il stimulerait une faim excessive. Cela pourrait expliquer pourquoi l'épidémie d'obésité continue de croître, malgré des décennies de campagnes de prévention et d'éducation.

— C'est fascinant ! Je comprends pourquoi vos travaux ont été publiés dans *Nature*.

— Mais vous voyez, Tatsiana, il y a quelque chose d'étrange. Tellement étrange, que nous n'avons pas osé le publier. Pas encore. Nous avons besoin de preuves supplémentaires avant de pouvoir l'affirmer avec certitude.

— Ah oui ?! Quoi ?

— En analysant la séquence environnante du gène *clpO*, on s'aperçoit qu'elle ne ressemble pas aux gènes communément retrouvés dans les bactéries du microbiote. Ce gène est porté par un plasmide. Vous savez ce que cela implique ?

—Vous parlez à une experte ! J'ai passé une grande partie de ma carrière à travailler sur des plasmides. Ces fragments d'ADN circulaires sont très courants chez les bactéries. Ce sont, en quelque sorte, des mini-chromosomes qui peuvent être transmis d'une bactérie à une autre. Chez l'homme, il n'y a pas d'équivalent : on ne se transmet pas d'ADN d'un être humain à un autre, mis à part à nos enfants. En revanche, les bactéries, elles, sont bien plus malléables. Elles peuvent donner et recevoir des plasmides entre elles. Grâce à eux, elles peuvent acquérir de nouveaux gènes qui leur sont parfois essentiels…

— Exact. Et comme vous le savez, il existe des plasmides synthétiques, créés par des scientifiques et utilisés à des fins de recherche. Ces plasmides ne sortent pas des laboratoires, en théorie.

— Oui, bien sûr.

— Le truc, c'est que le plasmide qui porte *clpO* ressemble étrangement à ceux qu'on utilise dans les laboratoires…

— C'est troublant, souffla-t-elle en fixant Andrew d'un regard perçant. Suggérez-vous que ce plasmide pourrait avoir une origine… humaine ? Comment expliquez-vous cela ?

Andrew détourna légèrement les yeux.

— Deux hypothèses sont possibles, répondit-il. La première est que ce plasmide pourrait s'être « échappé » d'un laboratoire par accident. La deuxième, bien plus inquiétante, serait que quelqu'un l'ait intentionnellement introduit dans le microbiote des Américains, et qu'il ait commencé à se propager dans d'autres pays, comme la France, par exemple.

Il plongea son regard dans celui de Tatsiana et reprit.

— Mais ce ne sont que des hypothèses pour l'instant. Rien de solide. Rien que l'on puisse prouver. À ce stade, nous n'avions pas assez de preuves pour inclure cela dans notre article. Mais…

Il ne termina pas sa phrase. Tatsiana se leva doucement et attrapa un verre de champagne resté sur la table. Elle le lui tendit, un sourire énigmatique sur les lèvres.

— À votre succès, Andrew, lança-t-elle.

Il but une gorgée sans méfiance, tandis que Tatsiana l'observait, impassible. Quelques instants plus tard, une lourdeur l'envahit. Sa vision se brouilla, et lorsqu'il tenta de parler, les mots se perdirent dans sa gorge. Il s'effondra sur le canapé, inconscient. Tatsiana, sans qu'Andrew ne s'en aperçoive, avait versé de la strychnine dans son verre, un poison aux effets fulgurants. Elle assista à la scène qu'elle avait anticipée, partagée entre la satisfaction de sa réussite et la tension de cet instant critique.

Tatsiana attrapa l'ordinateur d'Andrew et composa rapidement un e-mail adressé à Rafael.

Objet : Pardon

Cher Rafael,

Je ne sais comment te dire cela, mais il faut que tu saches la vérité. J'ai falsifié les résultats de nos recherches… Tout ce que nous avons montré, publié, repose sur des manipulations. Je n'ai plus la force de vivre avec cette culpabilité. Si tu tiens à la vérité, rétracte immédiatement l'article de Nature. Oublie ces travaux. Ils ne sont rien d'autre qu'un tissu de mensonges. Je suis désolé, Rafael. Je suis désolé d'avoir trahi notre travail et notre amitié. Je sais que j'ai été égoïste en pensant seulement à ma propre gloire scientifique, mais je suis incapable de continuer ainsi. J'ai trop honte et je ne peux plus affronter ce que j'ai fait.

Pardon. Excuse-moi auprès de Reiko. Andrew

Tatsiana s'assura qu'Andrew ne respirait plus. Elle le fixa une dernière fois, son regard froid gravant l'instant dans sa mémoire. Puis, elle passa à l'action. D'un geste précis, elle sortit un chiffon de sa poche et s'attaqua au bureau. Le clavier, la souris, le bord — chaque surface qu'elle avait touchée fut méticuleusement nettoyée. Rien ne devait rester. Pas une empreinte, pas un détail. Elle s'approcha de la table basse, ramassa son verre de champagne vide, le glissa dans une poche de son manteau après avoir effacé les traces qu'il avait laissées sur la table basse.

Puis, d'un geste précis, presque mécanique, elle ouvrit la fenêtre. Un courant d'air froid envahit la pièce. Sans la moindre hésitation, elle poussa le corps, le regardant basculer dans le vide.

Le souffle du vent souleva ses cheveux alors qu'elle observait, impassible, le corps disparaître dans l'obscurité. De sa position, elle pouvait voir la ville scintiller de mille lumières. Tout semblait si calme, si ordinaire. Une réflexion presque détachée traversa son esprit : la vie continuait, indifférente à ce drame soigneusement orchestré.

Puis, elle effaça les traces de son passage avec une précision chirurgicale et se dirigea vers la porte. Sa main saisit son téléphone. Elle composa un numéro qu'elle connaissait par cœur. L'appel retentit une fois, puis une voix grave décrocha à l'autre bout de la ligne.

Une seconde de silence flotta. Enfin, Tatsiana murmura en japonais, sa voix teintée d'un accent étranger :

— "できました, 先生" (Dekimashita Sensei), qui signifiait : « C'est fait, Maître ».

À l'autre bout, l'interlocuteur resta silencieux un instant avant de répondre :

— Très bien. Maintenant, occupe-toi de Rafael.

Tatsiana raccrocha. Elle balaya la pièce du regard, vérifia une dernière fois qu'aucun détail ne pouvait trahir sa présence, puis disparut dans la nuit.

CHAPITRE 2

Deux ans plus tard
7 juillet 2024

Rafael prit une profonde inspiration, sentant le trac le gagner alors qu'il observait l'audience depuis les coulisses. Le colloque était organisé au numéro 7 du *World Trade Center*, là où la *National Academy of Sciences* avait établi son nouveau siège, à quelques pas de son emplacement historique de 1817. À travers les immenses baies vitrées, la *Freedom Tower* se dressait, imposante et sereine, marquant un lieu chargé de mémoire et de renaissance. Bien que les événements du 11 septembre soient loin, Rafael ne pouvait s'empêcher d'imaginer le drame de ce jour gravé dans l'histoire. Il se secoua, recentrant ses pensées sur l'instant.

Rafael jeta un coup d'œil à la salle. Plus de 400 personnes étaient assises devant lui : des nutritionnistes, des chercheurs en santé publique, des spécialistes en alimentation venus des quatre coins du pays. Un auditoire impressionnant, mais pas nécessairement expert en microbiote intestinal. Le défi était clair. Il devait être pédagogue, trouver les bons mots, captiver leur attention.

C'était un exercice qu'il appréhendait autant qu'il l'aimait. Il savait qu'il devait transformer la complexité scientifique en une histoire fascinante, faire du « *storytelling* », comme disent les Américains.

La salle était à présent pleine, et Rafael sentit sa nervosité se transformer en une excitation teintée d'appréhension. Ses mains devenaient moites. L'idée de prendre la parole dans ce temple de la science lui procurait un mélange de fierté et d'inquiétude. Alors que l'animateur terminait sa présentation, Rafael pensa à la petite blague qu'il avait soigneusement préparée pour briser la glace. Un collègue lui avait glissé qu'ici, aux États-Unis, commencer avec un trait d'humour était la meilleure façon de capter l'attention.

Sa première diapositive apparut à l'écran : une capture de la série des années 90 *X-Files* avec l'inscription « *I want to believe* ». Il s'avança et, sourire aux lèvres, lança son introduction :

— Moi aussi, j'aimerais croire aux pouvoirs extraordinaires du microbiote !

Un silence parcourut la salle, quelques sourires polis, mais rien de plus. Visiblement, la référence était passée inaperçue. Trop jeunes pour *X-Files* ? pensa-t-il en retenant un sourire un peu embarrassé. Il sentit ses joues rougir légèrement et enchaîna rapidement, se jurant de laisser tomber l'humour pour les prochaines fois.

Il s'éclaircit la voix, reprit son sérieux et lança, avec détermination :

— Parlons donc de cette colonie de bactéries qui vit avec nous, en nous, et qui influence notre santé de bien des manières. Vous allez voir, c'est fascinant… Et peut-être même un peu extraterrestre, finalement.

Rafael afficha une diapositive montrant un étalage de fruits, de légumes et de yaourts. Il laissa l'image en suspens et posa une question à l'audience :

— Que voyez-vous ?

Les réponses fusèrent aussitôt : « Des raisins, des brocolis, des yaourts… »

Rafael reprit, un sourire aux lèvres.

— En tant que microbiologiste, ce n'est pas exactement ce que je vois. Moi, j'y vois de la nourriture pour… mes microbes : des fibres et des polyphénols, par exemple. Quelques visages intrigués se tournèrent vers lui, et il poursuivit avec enthousiasme.

— Ces molécules, pour la plupart, ne sont ni absorbées ni digérées dans notre intestin. Elles arrivent intactes dans notre colon et deviennent une source d'énergie pour nos microbes !

Il marqua une pause, cherchant à capter l'attention de chacun.

— Il est temps de changer notre vision de l'alimentation. Nous ne mangeons pas seulement pour nous-mêmes ; nous mangeons aussi pour nos microbes. Ces microbes que nous hébergeons, et que nous appelons d'ailleurs commensaux — ce qui, en latin, signifie littéralement : « à la même table ».

Un murmure d'assentiment parcourut la salle, et Rafael sentit qu'il avait piqué leur curiosité.

— La vraie question à se poser sur le microbiote intestinal n'est pas tant de savoir que nous hébergeons environ 40 000 milliards de bactéries, ou que chacun de nous abrite entre 300 et 1000 espèces différentes, ni même que ce microbiote est unique à chaque individu. Non, la vraie question est : *pourquoi* avons-nous un microbiote ?

Il laissa un moment de silence, observant l'intérêt grandissant dans les yeux de son public.

Rafael posa son regard sur l'audience et poursuivit :

— Pensez-y. Au cours de l'évolution, une partie de notre corps — notre côlon — s'est spécialisée dans l'hébergement de notre microbiote, créant un réservoir dédié. Ce réservoir, qui abrite environ un kilo de bactéries, semble exister uniquement pour héberger ces microbes. Mais il y a encore plus fascinant. Dans cette poche, notre système immunitaire est maintenu dans un état de tolérance envers ces bactéries ; autrement dit, il choisit de ne pas les attaquer. Sans cette tolérance, notre intestin serait en perpétuel état inflammatoire, mobilisant continuellement ses défenses pour lutter contre ces microbes.

Il jeta un coup d'œil à la salle, capturant de plus en plus l'attention de chacun.

— Ce phénomène, cette tolérance, n'est pas un hasard. Cela demande une énergie colossale et, forcément, il y a un bénéfice évolutif immense à maintenir cette relation. Alors… quel est cet avantage ? Pourquoi notre corps déploie-t-il tant d'efforts pour coexister avec ces milliards de bactéries ?

Rafael marqua une pause, laissant la question résonner un instant, puis reprit :

— La réponse est, en un sens, simple : l'homme a sous-traité une partie de la digestion de ses aliments à ces microbes. Les fibres, par exemple, sont des molécules complexes que notre corps, seul, ne peut pas digérer, car nous ne possédons pas les gènes nécessaires pour les dégrader. Pourtant, ces fibres sont une source précieuse d'énergie, mais uniquement si elles peuvent être transformées. C'est là qu'interviennent les microbes de notre intestin, qui se chargent de ce travail pour nous. Il y avait deux options pour l'évolution : soit l'homme intégrait ces gènes dans son propre ADN, soit il sous-traitait ce travail à d'autres organismes présents sur Terre, déjà capables de le faire. Et c'est cette seconde option qui a été privilégiée. Ainsi, la dégradation des fibres a été confiée aux bactéries de notre microbiote. Ce partenariat est loin d'être anodin : aujourd'hui, environ 5 % de notre énergie provient des bactéries de notre intestin qui fermentent les fibres que nous consommons. On estime qu'au paléolithique, cette proportion allait jusqu'à 50 %, car nos ancêtres consommaient au moins six fois plus de fibres qu'actuellement, soit plus de 100 grammes par jour. Cette énergie, à une époque où la chasse et la survie étaient incertaines, pouvait bien être celle qui faisait la différence entre la vie et la mort.

Rafael, enjoué, continua sur sa lancée :

— En échange de cette aide vitale, nous offrons à nos « collaborateurs microbiens » un gîte et un couvert des plus accueillants. Et d'ailleurs, plus qu'un simple gîte… c'est carrément un spa 5 étoiles : ambiance tropicale à 37°C toute l'année, un climat chaud et humide idéal pour se prélasser, et, cerise sur le gâteau, avec les mouvements de notre transit – le péristaltisme – ils ont droit à un massage en continu ! Un véritable paradis pour bactéries, où elles trouvent chaque jour tout ce qu'il leur faut pour se multiplier. Ce pacte, c'est un contrat des plus fructueux, un vrai gagnant-gagnant entre nous et notre microbiote.

Son regard balaya la salle, cherchant à capter l'attention des participants, puis il ajouta :

— Ce qui est fascinant, c'est que nos bactéries nous apportent bien plus que de l'énergie. Elles contribuent à fabriquer des vitamines, éduquer notre système immunitaire et, étonnamment, pourraient même influencer notre comportement.

Rafael reprit son souffle et, adoptant un ton plus grave, lança :

— Mais il y a un problème : l'homme a rompu le pacte millénaire qu'il avait établi avec ses bactéries. Ce contrat est aujourd'hui mis à mal dans nos sociétés occidentales, et ce pour trois raisons principales. Pour filer la métaphore de la sous-traitance et du contrat de travail, disons que la première de ces raisons est que nous avons réduit le “salaire” de nos travailleurs microbiens. Autrefois, l’alimentation humaine était riche en plantes, fruits et légumes, offrant — comme je vous l’ai déjà dit — au minimum 100 grammes de fibres par jour. Or, aujourd’hui, nous peinons à atteindre 15 ou 20 grammes de fibres quotidiennes, bien en dessous des recommandations minimales de 25 à 30 grammes, qui sont elles-mêmes insuffisantes pour nos microbiotes ! Une grande partie de l’humanité a délaissé les plantes au profit de burgers, de pizzas et d’autres aliments riches en graisses et en sucres. Une alimentation conçue pour satisfaire nos papilles, mais bien moins adaptée aux besoins de nos bactéries. Ces aliments contiennent peu de fibres et de polyphénols, ces précieuses molécules qui nourrissent et entretiennent notre microbiote.

Il marqua une pause pour s'assurer de l'attention du public avant de poursuivre.

— La deuxième raison est que nous licenciions à tour de bras. Oui, chaque fois que nous consommons des antibiotiques, c’est comme si nous congédions une partie de nos travailleurs microbiens. Heureusement, notre microbiote est très résilient et, en quelques semaines, il parvient à retrouver une composition « presque » similaire à celle d’avant le traitement. Mais tout est dans le « presque »… Car certains microbes essentiels disparaissent à chaque cure d’antibiotiques, et à force d’accumuler ces traitements — environ une fois par an, en moyenne — nous perdons des espèces bactériennes pour de bon.

Rafael observa les visages attentifs, voyant que l’audience saisissait peu à peu l’ampleur du problème. Il enchaîna :

— Enfin, la troisième raison est que nous avons cessé

de recruter ! Autrefois, nous échangions nos bactéries avec notre environnement, avec notre famille et même avec nos animaux. En d'autres termes, le microbiote circulait naturellement, se partageait, et notre tube digestif se peuplait régulièrement de nouvelles recrues. Mais depuis le début du XXe siècle, avec l'intensification des pratiques d'hygiène moderne — comme l'usage généralisé des savons antibactériens, la pasteurisation à outrance de nos aliments, ou encore la stérilisation excessive de notre environnement quotidien — nous avons drastiquement réduit cet échange naturel. Bien sûr, éviter les mauvaises bactéries est une bonne chose — personne ne veut croiser un pathogène indésirable, surtout après ce que nous avons vécu avec la COVID-19 ! Mais dans notre quête pour éliminer les microbes nuisibles, nous avons aussi coupé le chemin aux bonnes bactéries, celles qui faisaient partie de l'équilibre naturel. Résultat : notre microbiote se renouvelle moins, s'appauvrit, et sa diversité décroît. Il prit un moment pour que chacun absorbe l'idée, puis conclut :

— Notre microbiote est bien moins peuplé qu'il ne l'était il y a quelques siècles. Certains appellent cela la « septième extinction ». Le professeur Martin Blaser, de l'université de Rutgers, parle même de *missing microbes* — des microbes perdus. Ce déclin alarmant a poussé des chercheurs à prendre des mesures pour préserver ces précieuses espèces microbiennes. Inspirés par l'Arche de Noé, ils ont créé le *Microbiota Vault*, un projet ambitieux visant à conserver des échantillons de microbiotes humains provenant de populations encore préservées de ce déclin. Ce « coffre-fort du microbiote » cherche à protéger cette biodiversité invisible mais essentielle à notre santé et à celle des générations futures.

Rafael poursuivit, le regard sérieux :

— Certains chercheurs estiment que la perte de

diversité de notre microbiote pourrait être à l'origine de l'augmentation de nombreuses maladies associées à notre mode de vie moderne, telles que la maladie de Crohn, la recto-colite hémorragique, Parkinson, Alzheimer, l'obésité, le diabète, et même certains troubles du spectre de l'autisme.

Rafael conclut avec un sourire :

— Chers nutritionnistes, si vous deviez retenir une chose aujourd'hui, c'est que votre microbiote intestinal est comme ce petit jouet des années 90 : un Tamagotchi ! Vous vous rappelez, il fallait le nourrir régulièrement, sinon il dépérissait. Eh bien, nous avons tous un Tamagotchi dans le ventre, qu'il faut alimenter avec des fruits et des légumes !

Des éclats de rire suivirent, allégeant l'atmosphère, et Rafael sentit un vent d'enthousiasme se lever dans la salle.

L'animateur prit la parole, annonçant que le moment était venu pour les questions. Dans la salle, un homme se leva, son regard perçant fixé sur Rafael, et posa une question particulièrement provocatrice :

— Merci pour votre présentation, Professeur Martins. Mais pouvez-vous nous en dire davantage sur la publication du professeur Andrew Smith, rétractée par *Nature* il y a deux ans ? Étant coauteur, comment avez-vous pu ne rien voir des manipulations de votre collègue ? Cela ne remet-il pas en question la crédibilité de la recherche sur le microbiote… et, surtout, la vôtre ?

La question resta suspendue. Le regard de Rafael se fixa sur celui qui venait de parler. Aucun mouvement brusque, aucune réaction visible. Mais sous ses airs calmes, un tumulte bouillonnait. Il se redressa légèrement, sa respiration s'accélérant.

— Je comprends vos doutes, commença-t-il, s'efforçant de garder son calme. Nous avons tous été choqués et surpris par ce qui s'est passé, moi le premier.

C'est pourquoi, bien que je n'aie jamais vu ni compris quelles données Andrew aurait pu manipuler, j'ai pris la décision de rétracter l'article. Je vous demande, s'il vous plaît, de respecter la mémoire du professeur Andrew Smith, qui a grandement contribué à notre domaine. Je vous remercie pour vos questions.

Furieux de voir son intégrité remise en question, Rafael quitta la scène.

Juste au moment où il sortait, son téléphone sonna. C'était un numéro inconnu français. Étonné de recevoir un appel français aux États-Unis à 17 heures, ce qui faisait déjà 23 heures en France, il se demanda qui cela pouvait bien être. Il hésita un instant avant de répondre.

Une voix grave l'interpella :

— Monsieur Martins, votre femme vient d'être admise à l'hôpital. Son état est grave.

L'angoisse l'envahit immédiatement. Rafael se précipita vers la sortie et sauta dans un taxi, ordonnant au chauffeur de le conduire à l'aéroport. Il avait besoin de rentrer à Paris au plus vite.

CHAPITRE 3

Une lumière froide, presque chirurgicale, inondait la chambre de Clara. Allongée sur son lit, elle dormait. Ses traits étaient tirés, ses joues creusées, trahissant l'épreuve qu'elle traversait. Rafael, penché sur elle, lui tenait la main, ses doigts entrelacés aux siens, comme pour préserver un lien fragile mais précieux. Ce lien, autrefois vibrant et complice, semblait désormais usé, miné par cette longue lutte contre la maladie qui avait effacé leurs rires et saturé leurs jours de lourdeur. Leur quotidien, depuis deux ans, était rythmé par les allers-retours à l'hôpital, les nuits d'insomnie et les absences de Rafael, souvent en déplacement pour son travail.

Clara se réveilla doucement. Rafael était toujours assis au bord du lit, le regard perdu dans un point invisible sur le sol.

— Ça fait longtemps que tu es là ? demanda Clara d'une voix faible, encore ensommeillée.

— Deux heures, répondit Rafael, relevant à peine la tête. Comment te sens-tu ?

—Mieux, répondit-elle après un moment. Les antalgiques qu'ils m'ont administrés diminuent la douleur.

Rafael serra un peu plus fort la main de Clara, son regard vacillant entre tristesse et colère.

— Fabien et son équipe vont s'occuper de toi. J'ai confiance en lui. Ils ne devraient pas tarder.

— Rafael, merci d'être rentré si rapidement de New York. Comment ça s'est passé ?

Rafael leva les yeux vers elle, son visage marqué par une lassitude qu'il ne cherchait même plus à dissimuler.

— Très bien… sauf les questions, répondit-il d'un ton amer.

Clara fronça légèrement les sourcils, inquiète.

— Ne me dis pas que quelqu'un a encore remis en question ta crédibilité à cause de cette histoire de rétractation d'article ?

— Malheureusement, si... J'ai l'impression que cette histoire va me hanter toute ma vie ! Je m'en veux tellement de ne pas avoir vu qu'Andrew avait trafiqué les résultats. Et je lui en veux aussi de nous avoir laissés avec ce fardeau. Je ne sais pas si je m'en remettrai.

Clara serra doucement la main de Rafael pour tenter de le réconforter.

— Ne dis pas ça. Tu rebondiras, j'en suis sûre.

Rafael secoua la tête, une moue sceptique sur le visage.

— Clara, même trouver des financements pour mes recherches est devenu impossible. Aucun des derniers projets que j'ai soumis n'a été accepté. C'est comme si mon nom était associé à la peste.

Il fit une pause, le regard fixant le sol comme pour y chercher des réponses.

— Depuis la mort d'Andrew, tout fout le camp ! D'abord sa mort, puis le discrédit sur mon travail, et toi…ta maladie soudaine. J'ai l'impression que ça ne s'arrêtera jamais.

Un silence lourd s'installa. Rafael détourna son regard vers les grandes baies vitrées de la chambre. L'hôpital

Foch, perché sur le Mont-Valérien, offrait une vue imprenable sur Paris, avec la silhouette emblématique de la Tour Eiffel à l'horizon.

La porte de la chambre s'ouvrit doucement, laissant apparaître le professeur Fabien Lemoine, chef du service de gastro-entérologie. Ses cheveux grisonnants et son allure assurée inspiraient confiance, tandis qu'un sourire bienveillant éclairait son visage. Derrière lui, deux étudiants en blouse blanche, visiblement attentifs et un peu nerveux, suivaient de près. Le professeur s'approcha du lit avec la démarche calme de quelqu'un habitué à ces situations.

— Bonjour, Clara, Rafael, dit-il d'une voix douce en inclinant légèrement la tête.

Il se tourna vers les étudiants, les introduisant avec une fierté paternaliste.

— Voici Louis et Émilie, en troisième année de médecine. Avec votre permission, ils vont assister à cette consultation. Ton cas, Clara, est relativement rare, une opportunité d'apprentissage.

Le docteur Lemoine se tourna vers ses élèves avec un sourire de connivence.

— Le docteur Rafael Martins et sa femme Clara sont des amis et collègues. Le docteur Martins est un éminent microbiologiste avec qui j'ai collaboré de nombreuses fois pour des travaux sur le microbiote intestinal. Je suis sûr qu'il sera ravi d'apporter ses lumières, si vous aviez des questions pointues de microbiologie.

Rafael hocha la tête avec une politesse distante. En d'autres circonstances, il aurait volontiers apprécié l'opportunité de partager ses connaissances avec des étudiants. Mais aujourd'hui, la situation était différente. Il n'était plus le chercheur en microbiologie, mais le mari d'une patiente. L'ironie du sort ne lui échappait pas : lui qui avait tant enseigné à des étudiants à partir de cas cliniques se retrouvait, par procuration, dans la position du sujet d'étude, à travers sa femme.

Malgré tout, il serra la main de Lemoine et répondit :

— Bien sûr, Fabien. Ce sera avec plaisir. Mais, à force de me côtoyer, tu commences à connaître le microbiote presque aussi bien que moi, plaisanta-t-il faiblement, un sourire discret aux lèvres.

Le docteur Lemoine commença son exposé.

— La patiente présente une infection intestinale à *Clostridioides difficile*, autrement appelée *C. difficile.* Est-ce que l'un d'entre vous connait l'origine de cette maladie ?

Émilie s'avança, pleine de zèle, et déclama son cours bien appris :

— *C. difficile* est une bactérie pathogène que l'on retrouve largement dans l'environnement : le sol, l'eau, et même chez les animaux. Elle a la capacité de produire des spores, des formes dormantes extrêmement résistantes qui peuvent se disperser facilement. Nous pouvons tous croiser ces spores sur notre chemin, voire en ingérer. Mais, en général, notre microbiote crée une barrière naturelle. C'est ce qu'on appelle la « résistance à la colonisation ». Quand le microbiote est riche et dense, *C. difficile* passe dans le tube digestif sans pouvoir s'y installer. C'est comme une plage du sud de la France en plein mois d'août : impossible d'y poser sa serviette !

— Très bien, Émilie, vous maîtrisez votre cours, félicita Lemoine avec un sourire encourageant.

Puis, il se tourna vers Louis.

— Louis, d'après vous, comment *C. difficile* a-t-il réussi à coloniser madame Martins malgré ce mécanisme protecteur offert par le microbiote intestinal ?

Louis hésita, puis s'aventura :

— Peut-être que madame Martins a reçu des antibiotiques puissants qui ont perturbé son microbiote. Ces antibiotiques auraient transformé la plage bondée de madame Martins en un désert vide, permettant à *C. difficile* de s'y installer sans opposition.

— C'est tout à fait juste, approuva Lemoine avec un hochement de tête. Madame Martins a subi plusieurs traitements antibiotiques lors de son combat contre le cancer, il y a deux ans. En plus de cela, elle a reçu une chimiothérapie, ce qui a affaibli son système immunitaire – autrement dit, les "forces de l'ordre" de notre corps. Pour reprendre votre image, Émilie : les antibiotiques ont fait fuir les touristes, et avec les forces de l'ordre absentes, cela a laissé un espace vide où *C. difficile* a pu s'installer en toute impunité.

Il fit une pause, son regard se durcissant légèrement.

— Imaginez une fête sauvage qui prend place sur une plage déserte. Pas de surveillance, pas de règles : la plage est piétinée, l'eau est polluée, et tout devient rapidement chaotique. C'est exactement ce que *C. difficile* fait dans l'intestin de madame Martins. Il provoque une inflammation sévère, entraînant des symptômes graves comme des diarrhées importantes, des douleurs abdominales intenses et, parfois, même des saignements.

Clara ne put s'empêcher de lancer avec un trait d'humour :

— Et je vous assure que *C. difficile* organise en ce moment la fête du siècle dans mes intestins. À côté de ça, la cérémonie d'ouverture des JO de Paris ressemble à un goûter d'anniversaire !

Le professeur Lemoine sourit, retrouvant avec plaisir l'humour piquant de Clara, qu'il connaissait si bien. Il reprit alors son examen avec sérieux.

— Et c'est un cercle vicieux. Une fois que la fête et le chaos se sont installés et que la plage est ravagée, aucun autre touriste ne veut ou ne peut venir s'y installer. L'inflammation maintient des conditions hostiles, empêchant les bonnes bactéries de revenir pour rétablir l'équilibre. *C. difficile* continue alors de prospérer dans ce chaos.

Émilie, captivée par les explications du docteur Lemoine, leva la main et demanda avec curiosité :

— Mais d'habitude, ce sont les personnes âgées traitées par antibiotiques qui sont les plus affectées par les infections à *C. difficile*, non ? Elles représentent plus de deux tiers des cas, si je me souviens bien. Chez elles, le système immunitaire est souvent affaibli par le vieillissement, ce qui laisse à *C. difficile* la possibilité de « faire une fête sauvage », comme vous dites.

Les explications passionnées du professeur Lemoine tirèrent Rafael de sa torpeur. Peu à peu, il sentit sa fibre pédagogique s'éveiller. Il ne pouvait s'empêcher de vouloir partager ses propres connaissances. Avec un léger sourire, il prit la parole :

— Très juste, Emilie. Mais les personnes âgées ne sont pas les seules à être ciblées par *C. difficile.* À votre avis, quelle autre population est particulièrement appréciée par cette bactérie ?

Les deux étudiants échangèrent un regard interrogatif, visiblement perdus. Finalement, Lemoine se tourna vers Rafael, l'invitant d'un geste à poursuivre.

— Les bébés, annonça Rafael avec un air malicieux. Eh oui, plus de 40 % des nourrissons de moins de deux ans hébergent cette bactérie.

Émilie fronça les sourcils, intriguée :

— Mais je n'ai jamais entendu parler d'infections graves à *C. difficile* chez les bébés. Pourquoi ne tombent-ils pas malades ?

— Excellente question, répondit Rafael. C'est comme si la nature avait prévu le coup. L'une des hypothèses avancées aujourd'hui pour expliquer ce paradoxe serait que, chez les bébés, les récepteurs cellulaires que cible la toxine de *C. difficile* ne sont pas encore pleinement développés. Et sans ces récepteurs, les toxines produites par la bactérie n'ont aucun effet. Imaginez que *C. difficile* s'installe sur la plage, mais cette fois, sans organiser de fête, sans bruit, sans trouble. Tout se passe dans un calme total.

Le professeur Lemoine intervint, son regard glissant entre Rafael et Clara :

— Tu as tout à fait raison, Rafael. Et d'ailleurs, peux-tu rappeler la profession de Clara ?

— Clara travaille en crèche, répondit Rafael. Et c'est peut-être là qu'elle a été exposée à *C. difficile.* Il posa sur sa femme un regard empreint de tendresse, comme pour l'encourager. Clara trouva la force de répondre avec un sourire en coin et une pointe d'humour dans la voix :

— Ces petits monstres ! Qui pourrait leur résister avec leurs adorables frimousses ? Même *C. difficile* ne peut s'empêcher de se jeter dans leurs bras… Ou plutôt, dans leurs intestins.

Le professeur Lemoine sourit et reprit l'examen et se tourna vers Louis qui affichait une plus grande réserve qu'Emilie :

— Louis, pouvez-vous nous rappeler ce que prévoit le protocole pour se débarrasser de ces fêtards indésirables ?

Louis répondit, d'une voix légèrement hésitante mais précise :

— Le protocole consiste à administrer des antibiotiques, principalement le métronidazole, la vancomycine ou, dans certains cas, la fidaxomicine. Ces traitements durent généralement entre 10 et 14 jours, en première intention, et peuvent être combinés ou ajustés en fonction de la gravité de l'infection.

— Très juste, approuva le professeur. Paradoxalement, on traite une infection causée par les antibiotiques… avec des antibiotiques eux-mêmes. Dans le cas de Clara, nous avons essayé trois traitements différents pendant 1 à 4 semaines chacun, mais *C. difficile* est revenu à chaque fois. Cette situation touche environ un quart des patients, c'est ce qu'on appelle une infection à *C. difficile* récidivante. Et, quand ces traitements échouent, que fait-on ?

Émilie se précipita encore pour répondre :

— Après l'échec de deux traitements antibiotiques, on envisage un transfert de microbiote, que certains appellent greffe de microbiote ou transplantation fécale. Cette méthode, qui présente un taux de succès d'environ 90 %, a été validée scientifiquement et publiée pour la première fois en 2013 par une équipe néerlandaise dans le prestigieux *New England Journal of Medicine*. Depuis, elle fait partie des recommandations officielles, tant européennes que nord-américaines, pour le traitement des infections récidivantes à *C. difficile*.

Rafael toussota légèrement avant d'intervenir avec un sourire en coin, incapable de résister à l'envie de compléter.

— Émilie, vous avez tout à fait raison sur la modernité de l'approche scientifique. Cependant, il est intéressant de noter que cette idée n'est pas aussi nouvelle qu'elle en a l'air. Il existe des écrits chinois datant de près de 1 700 ans qui mentionnent une soupe jaune utilisée pour traiter des troubles gastro-intestinaux sévères, comme les diarrhées graves ou les empoisonnements alimentaires. Cette soupe était déjà un mélange de matières fécales diluées.

Émilie et Louis échangèrent un regard légèrement gêné, affichant un air de dégoût mal dissimulé face à la mention de la soupe jaune. Rafael, satisfait de son petit effet, esquissa un sourire amusé et marqua une pause.

— Je vois que l'idée vous rebute, lança-t-il avec une pointe de malice. Mais il faut replacer cela dans le contexte de l'époque. Les solutions médicales n'étaient pas toujours… appétissantes. Heureusement, nos méthodes modernes n'impliquent plus de consommer ce genre de remède directement.

— Heureusement, en effet…, lâcha Clara avec un sourire teinté de soulagement.

— Mais ça fonctionnait vraiment, cette soupe jaune ? demanda Louis, intrigué.

— Eh bien, selon les écrits, oui, répondit Rafael. C'était une réponse empirique, basée sur l'observation plutôt que sur une compréhension scientifique. Aujourd'hui, nous savons pourquoi ça pouvait marcher : en réintroduisant des bactéries saines dans un microbiote dévasté, on restaure un équilibre. C'est exactement ce que nous faisons avec les transferts modernes de microbiote.

Le docteur Lemoine reprit la parole, sur un ton légèrement teinté d'humour pour alléger l'atmosphère :

— Heureusement, nous avons aujourd'hui un protocole bien plus rigoureux que celui de mettre des selles dans de l'eau et de les faire boire à nos patients. La procédure est extrêmement encadrée. Nous sélectionnons d'abord un donneur sain, exempt de toutes maladies ou troubles chroniques et d'agents pathogènes.

Il marqua une pause, observant l'intérêt grandissant des étudiants.

— Et pour cela, nous procédons à une sélection rigoureuse des donneurs, car il s'agit d'introduire un microbiote entier dans un système affaibli. Si le donneur est porteur de pathogènes, même en faibles quantités, cela pourrait sérieusement aggraver l'état du patient. Nous examinons donc plusieurs candidats, et sur environ 100 personnes évaluées, seulement 3 sont jugées éligibles. Cela signifie qu'ils ne présentent aucun pathogène intestinal ou virus comme le VIH, la Covid 19, et qu'ils n'ont pas pris d'antibiotiques récemment.

Une fois sélectionnées, leurs selles sont soigneusement préparées : elles sont filtrées et transformées en une suspension. Ensuite, deux options sont possibles : soit nous les encapsulons pour une administration sous forme de gélules que le patient peut avaler, soit nous optons pour une « livraison à domicile » et les déposons directement dans le côlon, par coloscopie.

— Et c'est une procédure à suivre rigoureusement, ajouta Rafael. Certaines personnes, en désespoir de cause, décident de se faire un transfert fécal maison en suivant des « tutos » sur YouTube. Un blender, un ami de la famille pour le don, et hop !

Un murmure de rire nerveux parcourut la pièce…

— C'est extrêmement dangereux, reprit Rafael d'un ton grave. Certaines personnes ont développé des maladies après avoir tenté des transferts fécaux artisanaux. Je pense notamment à ce cas marquant d'une femme qui a pris du poids de manière significative après avoir reçu le microbiote de sa fille obèse. Une réplique, chez l'humain, de l'étude révolutionnaire de Jeffrey Gordon. Vous connaissez cette étude, j'imagine ? Celle qui avait démontré qu'en transférant le microbiote d'une souris obèse à une souris mince, cette dernière devenait obèse. Le transfert de microbiote n'est donc pas à prendre à la légère.

— C'est pourquoi nous insistons sur l'importance de ce cadre médicalisé, continua le professeur Lemoine. La transplantation fécale est une avancée remarquable, mais elle doit être réalisée dans un environnement strictement contrôlé.

Les étudiants hochaient la tête, visiblement impressionnés par la rigueur du protocole et la gravité des conséquences d'un non-respect.

Émilie, intriguée, reprit la parole :

— J'ai bien compris le rôle de la transplantation fécale pour traiter *C. difficile*, mais il paraît qu'elle pourrait également servir à traiter d'autres maladies. Pourriez-vous nous en dire un peu plus, docteur Martins ?

— En effet, Émilie. La transplantation fécale, initialement validée pour traiter les infections à *C. difficile* récidivantes, fait aujourd'hui l'objet de nombreuses recherches pour son potentiel dans d'autres pathologies. Parmi elles, les maladies inflammatoires de l'intestin, comme la rectocolite hémorragique, mais aussi des affections métaboliques comme le diabète et l'obésité. On explore également son impact dans des pathologies neurodégénératives telles qu'Alzheimer et Parkinson, et même dans des troubles neuropsychiatriques comme la dépression ou les troubles du spectre de l'autisme.

— Attendez… Mais comment le microbiote peut influencer la santé mentale ? coupa Louis.

— C'est une excellente question, Louis, répondit Rafael, un sourire sur les lèvres, prêt à répondre.

Mais avant qu'il ne puisse continuer, le professeur Lemoine leva une main apaisante et, avec un sourire légèrement amusé, l'interrompit.

— Excusez-moi, messieurs, mais nous avons une consultation à terminer. La discussion passionnante sur l'axe intestin-cerveau devra attendre une autre occasion.

— Fabien, tu me connais… Je pourrais parler des heures du microbiote intestinal.

Le professeur Lemoine reprit la parole, recentrant la discussion.

— Revenons au cas de Clara. Si je résume, elle a subi trois traitements antibiotiques, ainsi qu'un transfert de microbiote. Malheureusement, si elle est ici aujourd'hui, c'est qu'aucun de ces traitements n'a été un succès. *C. difficile* revient à chaque fois. C'est un cas assez rare puisque, comme Émilie l'a mentionné, la transplantation fécale fonctionne dans 90% des cas. Elle fait partie de ces 10 % de cas qui résistent...

Clara l'interrompit :

— J'ai décroché le jackpot médical ! Je ferais bien de tenter ma chance au loto !

Fabien et les étudiants échangèrent un sourire face à cette touche d'humour inattendue. Mais rapidement, Clara reprit un ton plus sérieux :

— Blague à part, Fabien, qu'est-ce qui m'attend maintenant ?

— Clara, si nous suivons le protocole, nous devons recommencer une série d'antibiotiques, suivie d'une nouvelle transplantation fécale.

— On prend les mêmes et on recommence, c'est ça ? Quelles sont les chances que ça fonctionne cette fois ? demanda Clara. Je n'en peux plus.

— Clara, ton cas est rare et je n'ai pas de statistiques précises pour ta situation. Mais sache que nous ferons tout ce que nous pouvons pour trouver une solution.

Rafael se redressa et interrompit d'une voix calme mais déterminée.

— Fabien, as-tu entendu parler des dernières études en cours à Boston sur les probiotiques de nouvelle génération ? La start-up Themis Therapeutics a sélectionné des souches de bactéries intestinales pour leur capacité à lutter contre *C. difficile*. Les premiers essais cliniques sont très prometteurs. Je connais l'un des fondateurs, Tom Barko. Pourquoi ne pas essayer cela ?

Le professeur Lemoine fronça légèrement les sourcils, visiblement mal à l'aise.

— Rafael, je suis au courant de ces recherches, mais tu sais comme moi que nous devons suivre le protocole clinique en vigueur en France. Ces nouveaux probiotiques n'ont pas encore reçu d'autorisation de mise sur le marché ici. Nous ne pouvons pas déroger au protocole et à la réglementation française.

Rafael n'insista pas, bien conscient que Fabien, entouré de ses étudiants, ne pouvait pas se permettre de s'écarter de la ligne officielle. Mais en lui, il le savait : il devait explorer cette option par lui-même, car il était hors de question de rester passif face à la souffrance de Clara.

Lemoine se tourna ensuite vers ses étudiants.

— Louis, Émilie, nous sommes attendus au point de service. Clara, Rafael, merci pour votre temps.

Les étudiants quittèrent la pièce après avoir chaleureusement remercié Rafael pour ses explications. Le silence retomba, laissant Rafael et Clara seuls à nouveau. Les mots de Fabien résonnaient encore dans l'esprit de Rafael : « Nous devons suivre le protocole clinique ». Il serra les poings. Le protocole ! Une prison pour ceux qui n'avaient pas le luxe d'attendre. Mais Clara n'était pas un simple cas clinique. Elle était tout pour lui. Il resta silencieux un instant, perdu dans ses pensées. Boston. Le congrès. Themis Therapeutics. Tout s'entremêlait dans son esprit. Mais une chose était certaine : il ne pouvait pas attendre. Pas cette fois.

Il se tourna vers Clara, cherchant les mots justes.

— Clara, j'ai été invité à présenter mes travaux au WHMC, tu sais, le *World Human Microbiology Congress*, à Boston. Ça commence dans deux jours. Je pense que c'est une chance de parler de ton cas à Tom qui y sera aussi. Peut-être que Themis Therapeutics pourrait t'aider. Mais je suis mal à l'aise à l'idée de te laisser seule ici.

— Rafael, ne t'inquiète pas pour moi. Ma mère arrive demain. Elle sera là pour s'occuper de moi.

— Merci, Clara.

Elle esquissa un sourire faible mais malicieux, levant un doigt comme pour poser une condition.

— Mais à une seule condition, dit-elle en feignant un ton sérieux.

— Tout ce que tu veux, répondit Rafael.

— Si tu vas à Boston, n'oublie pas d'embrasser nos amis Jack, Kack et Lack et leurs frères.

Rafael éclata de rire, un rire sincère et libérateur. Elle avait encore cette capacité de le surprendre, même dans les moments les plus sombres.

— Promis, dit-il en riant. Jack, Kack et Lack et leurs frères auront droit à ton message.

Ils éclatèrent de rire ensemble. Ces fameux canards de bronze du *Boston Public Garden* ! Combien de fois y avaient-ils flâné, bras dessus bras dessous, partageant des moments de complicité ? Ces promenades faisaient partie de leur histoire, d'une époque où la vie semblait si simple.

Rafael observa Clara, le sourire toujours présent sur son visage malgré tout. Comment faisait-elle pour garder cet humour, même dans les pires moments ? Cela lui donnait de la force.

— Je le ferai, répondit-il avec un clin d'œil complice. Mais je ne sais pas s'ils me reconnaîtront après tout ce temps.

Puis, plus sérieux, Rafael plongea son regard dans celui de Clara, comme pour lui transmettre toute la détermination qu'il avait en lui.

— Tiens bon, Clara. Je te promets que je trouverai une solution.

CHAPITRE 4

Rafael se tenait dans le hall animé de l'hôtel *Boston Park Plaza*, à deux pas du célèbre *Public Garden*. Après un bref instant à observer les allées et venues des clients, il s'approcha du comptoir de la réception où une jeune hôtesse, souriante et professionnelle, l'accueillit.

— Bonjour, je suis monsieur Martins, Rafael. J'ai une réservation pour trois nuits. Je suis ici pour le congrès WHMC, annonça-t-il en posant sa valise à ses pieds.

L'hôtesse tapota quelques instants sur son clavier avant de lever les yeux vers lui.

— Bonjour monsieur Martins. Puis-je avoir une pièce d'identité et une carte de crédit, s'il vous plaît ? demanda-t-elle avec un sourire courtois.

Rafael sortit son passeport et sa carte bancaire de sa veste et les lui tendit. Elle les examina rapidement, puis fronça légèrement les sourcils avant de reprendre la conversation, un brin curieuse :

— Martins, avec un « s », c'est particulier pour un Français, non ?

Rafael esquissa un sourire, déjà habitué à cette remarque.

— C'est parce que ce n'est pas français. Mon nom est

d'origine portugaise. On le prononce « Marthynge », expliqua-t-il en articulant légèrement.

Il fit une pause, puis ajouta avec un ton presque pédagogique :

— Et c'est aussi pour ça qu'il n'y a pas de tréma sur mon prénom. C'est Rafael, sans les deux points sur le « e ».

— Ah oui ? Je ne savais pas qu'il y avait des Martins au Portugal ! Pourtant, j'ai beaucoup d'amis portugais, dit-elle en tapotant sur son clavier.

Rafael sourit. Cette anecdote sur son nom avait souvent été un sujet de discussion, et il s'y prêtait volontiers.

Après un instant, l'hôtesse releva les yeux et annonça avec un sourire chaleureux :

— Votre chambre est prête, monsieur Martins. Vous êtes à la 903. Voici votre clé. Je vous souhaite un excellent séjour.

Rafael prit la clé électronique qu'elle lui tendait, la remercia d'un signe de tête et se dirigea vers l'ascenseur. Tandis qu'il traversait le hall, il laissa son regard vagabonder sur le décor feutré et raffiné de l'hôtel. Une fois à l'intérieur de l'ascenseur, il appuya sur le bouton du neuvième étage. Le léger cliquetis des portes qui se refermaient marqua le début de son séjour à Boston.

Fraîchement arrivé, Rafael ressentait déjà les effets du décalage horaire, mais l'excitation de retrouver Boston lui donnait un regain d'énergie. Il était à peine 15 h et le congrès ne commençait que le lendemain. Ce qui lui laissait tout l'après-midi pour flâner et redécouvrir cette ville qu'il affectionnait tant. Boston avait une atmosphère unique, ce mélange subtil d'ancien et de moderne, où les rues pavées côtoyaient des gratte-ciels élancés. Une harmonie rare pour une ville américaine, qui évoquait parfois certaines capitales du Vieux Continent. Ses bâtiments en briques rouges et ses rues pavées lui conféraient un charme singulier, empreint d'une atmosphère qui ne cessait de séduire Rafael.

Il descendit au lobby de l'hôtel, prit un expresso à emporter au bar, puis sortit pour une promenade. Au cœur du *Public Garden*, il s'arrêta devant l'étang. Des cygnes glissaient gracieusement sur l'eau, tandis que des canards barbotant apportaient une touche animée à la scène.

Un peu plus loin, son regard s'illumina en apercevant les sculptures en bronze des « Canards de madame Mallard » — Jack, Kack, Lack, Mack, Nack, Ouack, Pack et Quack suivant leur mère dans une file indienne parfaite. Ces figures emblématiques attiraient toujours les enfants, ravis de grimper sur leur dos sous le regard attendri de leurs parents. Rafael s'attarda un instant devant eux, un sourire nostalgique se dessinant sur son visage. Soudain, un écureuil surgit des arbustes près des canards et, agile comme un funambule, grimpa sur la statue de madame Mallard. La scène, à la fois comique et charmante, arracha un léger rire à Rafael. Amusé, il sortit son téléphone pour immortaliser l'instant. La photo capturait l'écureuil en équilibre précaire, semblant contempler les environs depuis son perchoir improvisé. Rafael envoya l'image à Clara, accompagnée d'un message : « *Bien arrivé à l'hôtel. Les canards t'embrassent :)* »

Poursuivant sa flânerie, il se dirigea vers *Copley Square*. La place, dominée par l'imposante *Trinity Church*, semblait baigner dans une lumière presque irréelle. Ses pierres de granit gris, ses arcs romans et ses vitraux multicolores reflétaient une époque révolue. Rafael s'arrêta un instant, contemplatif, puis son regard fut attiré par un détail discret mais chargé d'histoire : la ligne d'arrivée du marathon de Boston. Elle était devenue tristement célèbre depuis les attentats de 2013.

Ce souvenir le ramena dix ans en arrière. À l'époque, Clara et lui vivaient à Boston. Lui, jeune post-doctorant dans un laboratoire de Harvard, et elle, l'accompagnant dans cette aventure, partageaient un appartement au cœur de *Beacon Hill*, ce quartier aux maisons victoriennes et aux rues pavées. Il se remémora ces jours sombres d'avril. Le marathon avait commencé sous un soleil radieux, une fête familiale célébrant le courage des coureurs. Puis, l'horreur. Deux explosions. Les rues de Boston, habituellement si vivantes, s'étaient figées dans une angoisse palpable. S'ensuivirent des jours de traque acharnée, une ville confinée, le temps suspendu. Rafael ferma les yeux un instant, inspirant profondément pour chasser ces pensées sombres.

Déjà 17 h ! La fatigue commença à se faire sentir. Rafael décida de regagner son hôtel. En franchissant les portes du *Boston Park Plaza*, il jeta un dernier regard à la ville, encore imprégné de son charme. Cette promenade lui avait rappelé pourquoi Boston occupait une place si particulière dans son cœur.

Alors qu'il s'avançait vers les ascenseurs, Rafael remarqua une jeune femme aux cheveux roux flamboyants, appuyée nonchalamment contre une colonne dans le lobby. Elle le dévisageait avec une attention particulière et, visiblement, semblait l'attendre.

Lorsqu'elle le vit, elle le reconnut immédiatement. C'était bien le professeur Rafael Martins. Avec sa silhouette discrète, sa taille moyenne, ses cheveux châtains et sa barbe naissante, il avait un air à la fois soigné et décontracté. Mais c'était surtout ce je-ne-sais-quoi typiquement français dans son allure – une élégance subtile, mêlée à une simplicité étudiée – qui dégageait un charme naturel qu'on aurait volontiers qualifié de « charme à la française ».

Intrigué, Rafael ralentit le pas. Il la fixa un instant,

cherchant à rassembler ses pensées. Son visage délicat, encadré par des boucles rousses lumineuses, et ses yeux bleus perçants lui semblaient étrangement familiers, comme une réminiscence d'un souvenir enfoui. Pourtant, il ne parvenait pas à se rappeler où il aurait pu la rencontrer. Une ancienne collègue ? Une connaissance croisée lors d'un congrès ? Rien ne lui venait.

La jeune femme sembla deviner son trouble. Après un moment, elle se redressa et s'avança vers lui.

— Rafael Martins, n'est-ce pas ? demanda-t-elle d'une voix douce mais assurée, son regard bleu fixé sur lui avec une intensité troublante.

Elle le connaissait de toute évidence. Il chercha encore dans sa mémoire, puis une lumière se fit.

— Mary ? murmura-t-il, incertain.

— C'est ça. Mary McNulty, ancienne post-doc d'Andrew Smith, répondit-elle avec un sourire timide. Aujourd'hui, je suis professeure associée à l'université de Northwestern à Boston.

Elle lui tendit la main, que Rafael serra, partagé entre la surprise et l'émotion de la revoir.

— Bien sûr, je me souviens, finit-il par dire. La dernière fois que nous nous sommes croisés, c'était il y a deux ans…

Il hésita, les mots se bousculant.

— Lors de cette fameuse soirée… le soir où… où Andrew est décédé.

Un silence pesant s'installa.

— Oui, une soirée que personne n'oubliera, murmura Mary.

Rafael sentit un mélange d'émotion et de mystère monter en lui. Revoir Mary ici, à Boston, faisait remonter à la surface une foule de souvenirs et de questions qu'il croyait avoir enfouis.

— Justement, c'était d'Andrew dont je voulais vous

parler, dit-elle doucement, comme si elle pesait chaque mot. J'ai appris votre venue à Boston pour le congrès et… j'ai pensé que c'était l'occasion de discuter de certaines choses.

Rafael, intrigué, tenta de cacher son trouble. Il désigna le bar de l'hôtel et l'invita à s'y asseoir. Ils choisirent un coin tranquille, à l'écart de l'agitation. Pendant quelques instants, le silence s'étira entre eux, comme s'ils cherchaient la meilleure manière d'aborder un sujet délicat.

— Vous savez, la mort d'Andrew nous a tous très affectés, commença Mary d'une voix chargée d'émotion. C'était un mentor, un ami pour beaucoup d'entre nous. Son départ brutal… ça a laissé un vide immense. Depuis, l'équipe s'est dispersée. Certains ont rejoint d'autres laboratoires, mais l'esprit d'Andrew, sa vision… tout ça nous manque terriblement.

Rafael fixait Mary, écoutant attentivement. Il ressentait ce vide autant qu'elle.

— Je sais… Andrew était quelqu'un de brillant. Sa mort a laissé tant de questions sans réponse.

Mary jeta un coup d'œil furtif autour d'eux, comme pour s'assurer qu'ils étaient bien seuls.

— Justement… dit-elle d'une voix plus basse, hésitant un instant. Rafael, je ne crois pas que nous ayons tout compris sur la mort d'Andrew.

Rafael sentit un frisson parcourir son dos.

— Qu'est-ce que vous voulez dire ?

— Dans l'e-mail qu'Andrew a laissé, il affirme qu'il a falsifié les résultats, commença-t-elle. Mais c'est tout bonnement impossible !

— Impossible ? Comment ça ?

— C'était moi qui analysais les données qu'il aurait soi-disant manipulées, reprit-elle. Et je ne comprends pas comment il aurait pu les trafiquer. Andrew supervisait notre travail, bien sûr, mais il ne manipulait jamais les données lui-même. Il n'avait même pas les compétences bio-informatiques pour ça ! Je lui montrais les résultats. Je faisais les analyses, et lui, il les interprétait pour en tirer des conclusions.

Elle se pencha un peu plus près, l'air grave.

— Je vous assure, Rafael, les résultats que nous avions publiés dans cet article sont justes. Il n'y a jamais eu de manipulation de sa part. Ce que nous avons découvert est réel.

Rafael resta interdit, le souffle coupé. Les implications des paroles de Mary se bousculaient dans sa tête. Il avait accepté la rétractation de l'article comme une évidence, une manœuvre douloureuse mais nécessaire après le soi-disant aveu d'Andrew dans cet étrange message d'adieu. Mais maintenant… tout était remis en question.

— Mary…

Il s'interrompit, cherchant ses mots.

— Vous en êtes certaine ? Vous réalisez ce que cela signifie si… si Andrew n'a pas falsifié les données ?

Elle le regarda avec détermination.

— Oui, j'en suis certaine. Ce que nous avons publié était exact. Mais ce que je ne comprends pas, c'est pourquoi Andrew aurait confessé un acte qu'il n'a pas commis. À moins que…

— Est-ce que… est-ce qu'il avait d'autres problèmes dont nous n'avions pas connaissance ? demanda Rafael.

— Pas que je sache… Et puis, souvenez-vous, le soir avant sa mort, Andrew n'avait pas du tout le comportement d'un homme sur le point de mettre fin à ses jours. Vous étiez là, Rafael. Vous l'avez vu !

Elle marqua une pause, comme si elle pesait ses mots.

— Il était enthousiaste, heureux des retombées de nos résultats. Personne, je dis bien personne, n'aurait parié que cet homme sauterait du 38e étage quelques heures plus tard.

Elle secoua la tête, son regard s'assombrissant.

— Quand on y pense, rien de ce qui s'est passé ce soir-là n'a de sens.

Rafael sentit le poids des mots de Mary s'abattre sur lui. Depuis le début, quelque chose ne collait pas dans cette histoire, il l'avait toujours senti sans oser y croire. Il avait mis cela sur le compte de l'émotion, de la douleur de perdre un collègue et ami.

Mais maintenant, une idée glaçante s'immisçait dans son esprit, une possibilité qu'il n'avait jamais envisagée jusqu'ici.

— Se pourrait-il alors qu'Andrew ne se soit pas suicidé ? murmura-t-il, presque pour lui-même.

Mary releva brusquement les yeux vers lui. Sa respiration s'accéléra, et Rafael vit dans son regard une peur qu'il reconnaissait parce qu'elle grandissait aussi en lui.

— Rafael... je ne sais pas, répondit-elle, la voix tremblante. C'est un scénario que j'ai tourné des milliards de fois dans ma tête ! Mais si c'est vrai… pourquoi aurait-il été tué ? À cause de l'étude ?

Elle s'interrompit, passant une main nerveuse dans ses cheveux, puis reprit, presque dans un murmure :

— Sommes-nous en danger, nous aussi ?

Rafael resta silencieux, laissant ses paroles flotter dans l'air lourd de tension. Mary baissa les yeux, son visage trahissant une profonde lassitude.

— Je vis un cauchemar depuis deux ans, Rafael. J'ai besoin d'aide. De votre aide. Vous le connaissiez bien, vous faisiez partie de l'étude… Vous comprenez mieux que quiconque ce que nous avons fait.

Rafael inspira profondément, tentant de dompter le tumulte de pensées qui l'assaillait.

— Mary, si ce que vous dites est vrai, alors nous

devons prouver que les résultats n'ont pas été falsifiés. Pouvez-vous remettre la main sur les données originelles de l'étude ? demanda-t-il.

— Malheureusement, pas toutes. Avec la mort d'Andrew, tout a été balayé. Le laboratoire a été démantelé, les étudiants se sont dispersés… Et les données… effacées. Enfin, pas complètement. J'ai conservé une copie des données américaines sur mon disque dur personnel.

Rafael haussa un sourcil.

— En toute illégalité, n'est-ce pas ?

— Oui, je sais, admit Mary en baissant légèrement les yeux. Je n'aurais pas dû. Mais ça me facilitait les calculs. Et aujourd'hui, ces données pourraient nous être bien utiles.

Rafael prit quelques secondes pour réfléchir, ses doigts tapotant nerveusement sur la table.

— J'ai une idée, mais je dois d'abord en parler à certaines personnes. Ça pourrait prendre du temps, et ce ne sera pas simple. Je vais avoir besoin de votre aide, Mary. Êtes-vous libre demain, vers midi ?

— Oui, bien sûr.

— Parfait. Retrouvons-nous pour déjeuner. Je vous enverrai le lieu et l'heure exacts.

— J'attends votre message.

Rafael se leva, mais avant de partir, il se tourna vers elle avec un sourire.

— Mary, une dernière chose. Peut-être qu'on pourrait se tutoyer ? Si ça ne te dérange pas… Le vouvoiement me vieillit un peu.

Un sourire timide se dessina sur les lèvres de Mary, presque un éclat de lumière dans un moment sombre.

— Ça me va. Je n'osais pas te le proposer, mais vu ce qu'on est sur le point de traverser, je pense que ce serait mieux.

Mary se leva et, dans un geste spontané, prit Rafael dans ses bras, formant un *hug* typiquement américain. Rafael, pris de court, resta figé un instant. Il n'avait plus l'habitude de ces accolades directes, si étrangères aux codes français. Ce genre de proximité, si naturel pour Mary, le désarmait légèrement. Pendant un bref instant, il sentit le parfum délicat de Mary, une fragrance étrangement familière qui lui rappela celui de Clara. Ce souvenir inattendu le perturba légèrement. Après quelques secondes, il se recula doucement et fixa Mary dans ses yeux bleus, son regard empreint d'une sincérité presque désarmante.

— Tu n'es plus seule, Mary, dit-il d'une voix calme mais ferme.

Mary esquissa un sourire, un mélange de gratitude et de soulagement dans son expression.

— Merci, Rafael… À demain, répondit-elle doucement.

Elle se détourna et s'éloigna, mais au bout de quelques pas, elle se retourna pour l'observer une dernière fois. Rafael se tenait là, élégant et droit, avec un sourire discret mais rassurant. Une étrange chaleur envahit Mary. Il y avait quelque chose en Rafael qui lui rappelait Andrew.

En partageant avec lui le fardeau qui l'écrasait depuis deux ans, Mary sentit une partie de cette charge s'alléger. Pour la première fois depuis longtemps, elle ne se sentait plus seule.

CHAPITRE 5

Rafael était installé à une table du restaurant *The View*, perché au 52e étage de la tour du *Prudential*, véritable emblème de Boston. Il profitait de la vue spectaculaire sur la ville qui s'étalait en contrebas, entre la *Charles River* et les gratte-ciels du *Financial District*. Sur la rivière, il pouvait apercevoir des jeunes faire de l'aviron, leurs mouvements coordonnés formant des vagues régulières. Cette vue, il la connaissait bien : Andrew et lui venaient souvent déjeuner ici, fascinés par cette perspective unique, bien différente de celle depuis l'appartement d'Andrew.

Pourtant, aujourd'hui, Rafael n'avait pas la tête à la contemplation. Les révélations de Mary la veille ne cessaient de le hanter, et une tension qu'il ne parvenait pas à dissiper s'installait en lui. Il se remémora le visage grave de Mary, ses paroles hésitantes : *« Rafael, les résultats publiés sont justes. Je n'ai jamais manipulé les données, et je suis certaine qu'Andrew non plus».* Si elle disait vrai, si Andrew n'avait rien falsifié, alors il n'y avait qu'une seule explication : quelqu'un avait voulu le réduire au silence.

Rafael soupira profondément, ses yeux se fixant instinctivement sur l'immeuble d'Andrew, qui se dessinait au loin. C'était là-bas que tout avait basculé, cette nuit fatale où il avait perdu un ami et un mentor. Il revivait sans cesse les derniers échanges qu'ils avaient eus, quelques heures avant la tragédie. Andrew était radieux, euphorique à l'idée des retombées prometteuses de leurs recherches. Rien dans son comportement ne laissait présager ce qui allait se produire. Et pourtant, quelques heures plus tard, il était retrouvé sans vie, après avoir pris soin d'envoyer un message à Rafael, dans lequel il confessait avoir manipulé et trafiqué les données de leur étude. Une incohérence qu'il ne parvenait toujours pas à comprendre.

Une certitude s'imposa alors à Rafael : il devait résoudre ce mystère, pour la mémoire d'Andrew, mais aussi pour réhabiliter son propre nom. Ils avaient travaillé dur pour cette découverte, et elle était aujourd'hui ternie par un scandale de fraude.

Absorbé dans ses pensées, il n'entendit pas Reiko arriver. Ce ne fut qu'en sentant une main se poser doucement sur son épaule qu'il revint à la réalité. Il se retourna, découvrant le visage familier de Reiko, son ancienne collègue et amie de longue date.

— Reiko, ça fait plaisir de te voir, dit-il, un sourire nostalgique se dessinant sur son visage.

Elle prit place en face de lui.

— Tu as fait bon voyage ? demanda Rafael.

— Oui. Mon vol était direct depuis Tokyo. Et puis, comme j'ai été invitée par la compagnie PharmaBiotech, pour qui je fais du consulting, j'ai pu voyager en business et dormir dans l'avion.

— Les big pharma savent entretenir leur réseau ! répliqua Rafael avec un sourire. Reiko, j'ai regardé la liste des orateurs du congrès. J'ai été surpris de ne pas voir ton nom. Tu n'as pas de présentation cette année ?

— Non, pas cette année. J'hésitais même à venir, mais

PharmaBiotech a insisté pour que je sois présente à une réunion en marge du congrès. Mais pour être honnête, c'est en voyant ton nom parmi les orateurs que je me suis décidée. Je ne pouvais pas manquer ça. Et toi, quand es-tu arrivé ?

— Hier, répondit Rafael.

— Tu as l'air fatigué.

Rafael détourna un instant les yeux avant de répondre, la voix légèrement plus grave :

— Oui, fatigué, pour plusieurs raisons. La première, c'est Clara… Elle est tombée malade.

— Une rechute ?

— Non, son cancer est en rémission. Cette fois-ci, elle souffre d'une infection intestinale persistante à *C. difficile*. Aucun antibiotique n'a fonctionné, et même une transplantation de microbiote n'a pas suffi. Notre couple en souffre énormément. Et comme si ça ne suffisait pas, je n'arrive pas à faire avancer mes recherches. Impossible de décrocher des financements. C'est comme si mon nom était devenu synonyme de malédiction. Alors, j'essaie autre chose. La science participative, mobiliser les citoyens directement. Peut-être que j'aurai plus de succès ainsi.

— Je suis vraiment désolée pour Clara, répondit Reiko avec douceur. Dis-lui que je pense fort à elle et que je l'embrasse.

— Merci, Reiko, répondit Rafael avec un léger sourire. Je lui dirai, ça lui fera plaisir.

— Rafael, tout n'est pas si noir. Tu présentes tout à l'heure au WHMC, le plus grand congrès de microbiologie humaine ! C'est un signe !

— Heureusement que je peux encore compter sur des amis… C'est Tom, membre du comité d'organisation, qui m'a invité. Je crois qu'il a eu pitié de moi. Il m'a donné cette chance de présenter mon projet de science participative.

Un silence s'installa. Tous deux regardèrent la ligne d'horizon, leurs regards glissant instinctivement vers l'immeuble d'Andrew, visible au loin. C'était là où tout s'était terminé, on pouvait presque imaginer les dernières minutes de cet homme qui avait marqué leur vie.

Rafael hésita, ses doigts jouant nerveusement avec le bord de sa tasse de café. Il cherchait les mots justes, ceux qui allaient changer le cours de leur conversation. Il finit par relever les yeux et plonger son regard dans celui de Reiko.

— Reiko, j'ai une question.

— Je t'écoute.

Rafael inspira profondément, comme pour rassembler son courage. Puis, d'une voix plus basse, presque comme un murmure, il lâcha :

— Et si Andrew ne s'était pas suicidé ?

Le visage de Reiko se figea, son expression passant de la curiosité à l'incompréhension.

— Qu'est-ce que tu veux dire, Rafael ? C'est impossible. On a retrouvé son corps au pied de son immeuble.

— Et si quelqu'un avait maquillé sa mort en suicide ?

Reiko secoua la tête, incrédule.

— Je ne comprends pas… Comment ? Il t'a envoyé cet e-mail d'adieu, cette note avant de…

— Tout ça ne prouve rien, Reiko. Rien. Tu te souviens de Mary McNulty ? La post-doctorante de l'équipe d'Andrew.

Reiko fronça les sourcils, fouillant dans sa mémoire.

— Mary… La rousse aux yeux bleus ?

— Exact. Elle est maintenant *associate professor* à l'université de Northwestern. Elle est venue me voir hier soir à l'hôtel. Elle m'a dit quelque chose qui remet tout en question. Elle affirme qu'Andrew ne pouvait pas avoir manipulé les données, car il n'avait jamais eu accès aux fichiers et ne possédait pas, de toute façon, les compétences nécessaires pour les modifier. C'était elle qui a analysé les données de l'étude rétractée, et elle est certaine que les résultats étaient justes.

Le visage de Reiko se figea, une expression mêlant surprise et perplexité s'inscrivant sur ses traits.

— Tu réalises ce que ça signifie ?

Reiko fronça les sourcils.

— Attends, Rafael. Même s'il n'a pas falsifié les données, il aurait pu se suicider pour d'autres raisons. Des raisons qu'il n'a pas voulu admettre. Cette histoire d'article falsifié pourrait n'être… qu'une excuse.

Rafael secoua la tête, catégorique.

— Non. Je n'y crois pas. Il était heureux. Andrew n'était pas du genre à inventer des excuses, il était trop franc, trop intègre. Et cette histoire… elle nous met tous dans une position délicate. Il n'aurait jamais fait ça.

Elle prit une inspiration profonde, cherchant ses mots.

— Rafael, je comprends ta colère et ta frustration. Mais à quel point peux-tu faire confiance à Mary ? Pourquoi ne s'est-elle pas manifestée avant ? Pourquoi maintenant ? Tu ne peux pas tirer une conclusion aussi grave sur la seule base de son témoignage.

— Reiko, j'ai longuement réfléchi, répondit-il calmement. Si on veut en avoir le cœur net, il n'y a qu'une chose à faire : réanalyser les données.

Il regarda sa montre. Il était presque midi et demi, et Mary devait arriver d'un moment à l'autre.

— J'ai demandé à Mary de nous rejoindre. On aura besoin d'elle. Tiens, la voilà. Profites-en pour lui poser des questions.

Mary apparut, son sac en bandoulière et ses cheveux roux captant la lumière. Elle balaya la salle du regard avant que Rafael ne lève la main pour attirer son attention.

— Mary, par ici.

Elle s'approcha, souriante mais avec une certaine retenue. Rafael se leva pour l'accueillir.

— Merci d'être venue, Mary.

Elle déposa son sac à côté de sa chaise avant de s'asseoir. Rafael se tourna vers Reiko, désireux de briser la glace.

— Reiko, tu te souviens de Mary ? Elle était post-doctorante chez Andrew.

— Oui, tout à fait, répondit Reiko.

— Mary, j'ai parlé à Reiko de ce que tu m'as confié hier.

Reiko posa son regard sur Mary avant de demander, d'un ton sérieux :

— Mary, avant d'aller plus loin, j'aimerais savoir pourquoi vous revenez sur cette histoire aujourd'hui, deux ans après la mort d'Andrew.

Mary, visiblement surprise par la question, sentit la défiance dans la voix de Reiko. Elle prit une profonde inspiration avant de répondre.

— Parce que je ne peux plus vivre avec ce poids, répondit-elle, la voix vibrante d'émotion. Depuis deux ans, ce secret me ronge. Je dors mal, je revis sans cesse cette nuit dans ma tête. J'ai besoin que cela s'arrête. J'ai besoin de connaître la vérité et de réhabiliter Andrew.

Elle marqua une pause, cherchant ses mots.

— Et puis, quand j'ai vu le nom de Rafael sur le programme du congrès, je me suis dit que c'était un signe.

Rafael, l'expression grave, posa son regard tour à tour sur Mary et Reiko.

— Mary, mieux vaut tard que jamais. Maintenant que nous savons, nous devons agir vite. Réunir des preuves solides, alerter les autorités… Pour cela, il n'y a qu'une solution : reprendre les analyses, tout revoir depuis le début et vérifier, une bonne fois pour toutes, si les données ont réellement été falsifiées.

Reiko fronça légèrement les sourcils.

— Refaire les analyses ? Mais avec quelles données ?

— J'y ai réfléchi, Reiko. À nous trois, nous pouvons rassembler les données originelles de l'étude. Mary m'a dit avoir conservé les données américaines, j'ai encore accès aux données françaises. Et toi, je suis sûr que tu as encore accès aux données japonaises, n'est-ce pas ? Réunir les données, comparer les résultats avec ce qui avait été publié… C'est notre chance de prouver qu'Andrew n'a pas falsifié les données.

— D'accord, mais qui va s'en charger ? demanda Reiko. Ces analyses nécessitent des infrastructures spécifiques.

Rafael se tourna vers Mary.

— Mary, pourrait-on utiliser les serveurs de ton laboratoire ?

Mary secoua la tête avec regret.

— Non, mon laboratoire n'est pas aussi bien équipé que celui d'Andrew. Pour mener ces analyses, il faudrait des serveurs puissants pour traiter les données.

— Alors, nous devons trouver un endroit, répliqua Rafael. Et j'ai déjà ma petite idée.

Il jeta un coup d'œil à sa montre.

— Il est déjà 13 h. Je dois vous laisser, ma présentation est dans une heure.

— À tout de suite, répondit Reiko avec un sourire. Nous te rejoindrons rapidement pour t'écouter.

Rafael se leva et s'éloigna d'un pas rapide, porté par un mélange d'excitation et de concentration, ses pensées déjà absorbées par les détails de sa présentation à venir. Mary et Reiko restèrent assises un moment, silencieuses. Elles déjeunèrent rapidement, échangeant quelques banalités sur leurs travaux, avant de se lever à leur tour pour rejoindre Rafael.

***

Rafael arriva devant l'entrée de l'amphithéâtre où se déroulaient les présentations du congrès. Alors qu'il ajustait machinalement les notes dans sa main, son regard se posa sur une silhouette familière dans le hall. Pas de doute, c'était Tom Barko, son ancien camarade de Harvard.

— Tom ! lança Rafael.

Tom se retourna, un large sourire illuminant son visage à la vue de Rafael.

— Rafael ! Quel plaisir de te voir ! s'exclama-t-il en s'avançant pour lui faire un *hug*. Je suis vraiment content que tu aies pu répondre positivement à mon invitation.

— Tom, c'est moi qui te remercie de m'avoir invité. Ta proposition est tombée au bon moment, et ça fait du bien de revenir à Boston, répondit Rafael avec sincérité.

— J'aurai le plaisir de t'écouter, dit Tom avec un sourire. Et toi, tu restes pour ma présentation ?

— Évidemment. J'ai hâte de voir ce que tu as préparé.

Soudain, la cloche annonçant le début de la session retentit, invitant le public à rejoindre l'amphithéâtre. Rafael se tourna vers Tom avec un sourire.

— On se retrouve après nos présentations ?

— Oui, parfait, à tout à l'heure, répondit Tom.

Rafael prit une profonde inspiration avant de se diriger vers les coulisses. Son pas était assuré, mais son esprit était déjà absorbé par les derniers détails de sa présentation, ajustant mentalement chaque phrase et chaque diapositive.

À 14 h tapantes, Rafael monta sur l'estrade, sous les projecteurs de l'amphithéâtre comble. Une vague de murmures parcourut le public, rapidement étouffée par le claquement sec du micro qu'il ajusta. Il balaya l'audience du regard avant d'entamer sa présentation d'une voix posée mais déterminée.

Affichant une première diapositive claire et accrocheuse, Rafael entra directement dans le vif du sujet. Il présenta des résultats qu'il avait déjà publiés, mais cette fois sous un angle nouveau, suscitant l'intérêt immédiat de l'audience. Puis, il introduisit son nouveau projet de science participative : une vaste étude visant à collecter des échantillons et des données à travers l'Europe pour explorer les liens subtils entre les différents états du microbiote intestinal, l'alimentation et la santé des participants.

— En impliquant directement les citoyens, nous ne faisons pas que collecter des données. Nous créons une communauté autour de la recherche scientifique, une dynamique où chacun devient acteur de la découverte. Ce modèle de recherche permet aussi de réduire considérablement les coûts liés à des études de grande ampleur, tout en sensibilisant le public aux enjeux de santé publique.

Il conclut en mettant en avant l'hypothèse centrale qu'il souhaitait tester :

— Parmi les maladies qui nous préoccupent, l'obésité occupe une place centrale. Nous pensons de plus en plus que le microbiote pourrait jouer un rôle clé dans son augmentation incontrôlée au cours des dernières décennies.

Son ton, à la fois posé et passionné, capta l'attention de l'audience, mais il n'était pas dupe. Il voyait bien certains regards sceptiques et les murmures échangés à voix basse.

Lorsque la session de questions-réponses commença, une main se leva dans l'assistance.

— Professeur Martins, demanda un homme d'une voix posée mais incisive, comment comptez-vous convaincre vos pairs et le grand public, alors que votre crédibilité a été gravement entachée par la rétractation de votre dernier article et les aveux posthumes d'Andrew Smith, qui a confessé que les données de son étude, à laquelle vous avez participé, avaient été falsifiées ?

La question glaça Rafael sur place. Une vague de colère sourde monta en lui, mais il respira profondément et se força à répondre avec calme, maîtrisant tant bien que mal les émotions qui menaçaient de le submerger.

— Mon travail ne se résume pas à une publication rétractée. Mes hypothèses restent valables, et je vais continuer de les explorer, déclara-t-il, le ton ferme.

C'était toujours la même chose. À chaque congrès, les mêmes remarques, les mêmes insinuations. Rafael serra les poings, luttant contre l'envie de révéler ce que Mary lui avait confié. Qu'Andrew n'avait peut-être jamais manipulé les données. Qu'il avait, en réalité, été assassiné. Il sentait les regards peser sur lui. Finalement, il lâcha d'une voix sèche :

— Je vous remercie pour vos questions.

Puis, il quitta l'estrade, le visage fermé, les mains tremblantes. Derrière lui, un murmure s'éleva parmi l'auditoire. En rejoignant sa place, Rafael croisa le regard de Tom, qui montait sur l'estrade pour sa présentation. Tom lui adressa un signe du pouce, une tentative maladroite de le rassurer.

Mais Rafael n'était pas dupe. Une fois de plus, il avait été perçu comme un scientifique en disgrâce.

Tom monta sur scène sous un tonnerre d'applaudissements. Dans le domaine, tout le monde connaissait Tom Barko. Il n'était pas seulement un chercheur brillant, mais aussi une figure charismatique, capable de vulgariser des concepts complexes et de captiver son auditoire. En tant que directeur scientifique de Themis Therapeutics, il incarnait l'innovation et le futur de la médecine.

Themis Therapeutics n'était pas une start-up comme les autres. Pionnière dans son domaine, elle figurait parmi les premières à transformer les découvertes sur le microbiote intestinal en traitements révolutionnaires. Là où beaucoup ne voyaient qu'un champ expérimental, Themis avait franchi un cap décisif : isoler des bactéries spécifiques, appelées probiotiques de nouvelle génération, et les convertir en thérapies capables de traiter des maladies jusque-là résistantes aux approches traditionnelles.

Et Tom, avec son aisance naturelle et son expertise, en était le visage emblématique. Il n'était pas simplement le scientifique derrière les avancées ; il en était le porte-parole, celui qui avait permis de relier la recherche fondamentale à des applications cliniques tangibles.

Les lumières de la salle s'atténuèrent tandis que le grand écran s'illumina, affichant le logo de Themis suivi du titre de son intervention : « Révolutionner le traitement des infections à *C. difficile* grâce aux probiotiques de nouvelle génération ».

Tom commença par poser le contexte, projetant des diapositives montrant des chiffres alarmants.

— Les infections à *Clostridioides difficile* représentent un véritable fardeau pour la santé publique. Elles sont une cause majeure d'infections associées aux soins de santé et particulièrement difficiles à traiter.

Une nouvelle diapositive apparut, illustrant une image en 3 dimensions des spores de *C. difficile.*

— La transmission se fait principalement par voie fécale-orale. Ces spores se propagent via les surfaces, les équipements partagés ou même les mains du personnel médical. Un véritable défi pour les établissements de santé. Pour vous donner une idée, une personne sur cent admise en soins intensifs contractera *C. difficile.*

Il s'arrêta, laissant l'impact de ses mots s'installer dans l'esprit des auditeurs.

— Les options de traitement actuelles, bien qu'efficaces pour certains, présentent des limites. Entre 20 et 30% des patients ne répondent pas aux antibiotiques. La transplantation fécale est une alternative, mais elle reste lourde et coûteuse. Les infections à *C. difficile* et les rechutes associées sont un fardeau économique considérable. Aux États-Unis, elles représentent environ 5 milliards de dollars par an en coûts de santé.

Tandis qu'il parlait, Rafael observait depuis sa place. L'aisance de Tom, sa capacité à capter l'audience, forçait l'admiration. Malgré les tumultes personnels et professionnels qu'il traversait, il ne pouvait qu'apprécier le génie de son ancien camarade.

Une nouvelle diapositive annonça le cœur de la présentation. En grandes lettres, un nom se révéla : TH-50.

— Chez Themis, nous avons décidé d'aborder ce problème autrement. Plutôt que d'utiliser des antibiotiques, nous avons mis au point un cocktail unique de probiotiques de nouvelle génération. TH-50 est composé de spores de cinquante bactéries soigneusement sélectionnées pour concurrencer directement les spores pathogènes de *C. difficile.* Ces « bonnes spores » restaurent l'équilibre du microbiote et rétablissent la capacité naturelle de résistance à la colonisation.

Une animation expliqua en détail le mécanisme d'action, tandis que Tom poursuivait avec enthousiasme.

— Le résultat ? Une efficacité démontrée dans près de

90% des cas. Et surtout, nous maîtrisons précisément la composition de ce produit, contrairement aux transplantations fécales. TH-50 se prend sous forme de gélules, une administration simple et non invasive.

L'audience, captivée, murmura d'approbation. Une nouvelle diapositive illustra les résultats cliniques, suivie d'un graphique comparant TH-50 aux traitements existants.

— Mais ce n'est pas tout. Aujourd'hui, j'ai une excellente nouvelle à partager avec vous. TH-50 vient d'être approuvé par le régulateur américain, la Food and Drug Administration, la FDA ! Ce qui signifie que TH-50 est le premier traitement oral utilisant des bactéries du microbiote vivantes autorisé par la FDA ! Et il peut désormais être prescrit par les médecins américains pour traiter les infections récurrentes à *C. difficile.*

Un murmure d'excitation parcourut la salle, tandis que Tom affichait une image des gélules accompagnée d'un tableau détaillant les coûts.

— TH-50 coûte environ 20 000 dollars par traitement. Ceci pourrait paraître cher, mais en réalité, cela représente une opportunité majeure d'économies pour le système de santé américain. En réduisant les hospitalisations prolongées, les réadmissions fréquentes et les traitements répétitifs, TH-50 offre bien plus qu'une solution médicale : il allège considérablement le fardeau économique global.

Il conclut en affichant une dernière diapositive frappante, mettant en avant la vision futuriste de Themis Therapeutics.

— Aujourd'hui, nous nous attaquons à *C. difficile*, mais demain, ce seront d'autres maladies que nous ciblerons, en nous appuyant sur cette même approche innovante et sur nos connaissances approfondies du microbiote intestinal et des probiotiques de nouvelle génération. Le potentiel est immense, et ce n'est que le début, déclara-t-il, son ton empreint de passion et d'assurance.

Un tonnerre d'applaudissements accompagna ses derniers mots, alors que l'audience absorbait la portée de cette vision audacieuse. Tandis que les applaudissements résonnaient encore dans l'amphithéâtre, Tom descendit de l'estrade, laissant apparaître un sourire chaleureux. Il aperçut Rafael qui l'attendait à quelques mètres. Rafael, malgré son propre trouble intérieur, ne pouvait cacher l'admiration qu'il ressentait pour l'ampleur et la maîtrise du projet présenté par son ami.

— Impressionnant, Tom, vraiment, lança Rafael avec un sourire sincère.

— Merci, Rafael. Mais il y a encore tant à faire, répondit Tom, tapotant l'épaule de son ami. Allons boire un verre, on a plein de choses à se dire.

Les deux amis quittèrent l'agitation du congrès et se dirigèrent vers le bar de l'hôtel, un lieu tranquille où la lumière tamisée et les conversations feutrées créaient une ambiance propice aux confidences. Quelques minutes plus tard, installés à une table près d'une grande baie vitrée, ils dégustaient un Chablis bien frais.

— Alors, Rafael, raconte-moi, comment ça va ? demanda Tom.

— Pour être honnête, Tom, ce n'est pas facile en ce moment. Clara traverse des épreuves très difficiles. Elle souffre d'une infection récurrente à *C. difficile*. On a tout essayé : antibiotiques, transfert de microbiote… Rien ne fonctionne.

Tom fronça les sourcils, attentif.

— Elle a même subi un transfert de microbiote ? Et ça n'a pas marché ?

— Non. C'était notre dernier espoir, et ça a échoué. Elle enchaîne les rechutes. Chaque fois qu'on pense avoir stabilisé la situation, ça revient…

Rafael marqua une pause, fixant son verre.

— C'est épuisant pour elle. Et pour moi, c'est… désespérant.

— Rafael, je ne peux pas te promettre de miracle, mais il y a une possibilité. Notre produit, TH-50, pourrait peut-être l'aider, proposa Tom.

— Vos résultats sont impressionnants ! Si seulement votre produit pouvait soigner Clara… Tu crois que ça pourrait fonctionner pour elle ? demanda Rafael.

— Peut-être. Mais pour en être sûr, il faudrait analyser son microbiote. Nos données montrent que certains patients répondent très bien à notre produit, tandis que d'autres n'y répondent pas du tout. Ce qui parait logique, puisque le microbiote est unique à chaque individu. Grâce à nos serveurs puissants, nous avons analysé des milliers de microbiotes, ici aux États-Unis et à l'international. Et nous avons identifié différents comportements : certains s'avèrent être résistants, alors que d'autres sont plus permissifs à l'implantation de nos souches.

Rafael acquiesça, son esprit ramené à une étude qu'il avait lue.

— Cela me rappelle les travaux de mon collègue Joël Doré qui avait démontré que la composition du microbiote influence la façon dont les ferments lactiques traditionnels, présents dans certains types de yaourts, et certains probiotiques, transitent dans le tractus digestif. Cette étude révèle que le mécanisme de « résistance à la colonisation », qui permet au microbiote de se protéger contre les bactéries pathogènes, pourrait, dans certains cas, également limiter l'efficacité des bonnes bactéries, comme les probiotiques. En d'autres termes, la réponse aux probiotiques pourrait varier d'une personne à l'autre, selon la composition spécifique de leur microbiote et sa compatibilité avec les souches de probiotiques administrées.

— Exactement. C'est comme une plage bondée où tu ne peux plus poser ta serviette… Les bonnes ou mauvaises bactéries ne parviennent pas à s'implanter durablement, et leur effet reste finalement transitoire.

Rafael esquissa un sourire, malgré les circonstances. Cette image lui rappela sa récente discussion avec Fabien sur le même sujet.

— Rafael, pour savoir si notre produit peut aider Clara, il faut déterminer si son microbiote est permissif ou résistant aux bactéries de TH-50. Tu n'aurais pas, par hasard, fait analyser son microbiote ?

— Tu me connais bien. Dès la deuxième rechute, j'ai fait analyser son microbiote. J'ai toutes les données.

— Excellent ! répondit Tom. Passe demain au laboratoire avec ces données. Nous pourrons les analyser et vérifier si son profil correspond à celui des bons répondeurs.

Rafael sentit une vague de soulagement. Il entrevoyait enfin une possibilité réelle de soigner Clara.

— Merci, Tom. Je savais que je pouvais compter sur toi, dit-il avec sincérité.

Tom lui tapota l'épaule avec une chaleur réconfortante.

— Les amis sont là pour ça, Rafael.

Tom, qui observait attentivement son vieil ami, fronça légèrement les sourcils. Il se pencha vers Rafael, adoptant un ton à la fois direct et bienveillant.

— Rafael, j'ai l'impression qu'il y a autre chose. Tu sembles préoccupé. Je te connais, tu ne peux rien me cacher.

Rafael baissa les yeux un instant, jouant machinalement avec son verre avant de répondre :

— Tu as raison, Tom. Il y a autre chose.

— Je t'écoute, Rafael.

— Tu connais Mary McNulty ? demanda Rafael, fixant son ami, cherchant à évaluer sa réaction.

Tom fronça légèrement les sourcils, réfléchissant.

— Ce n'était pas la post-doctorante d'Andrew ? La première auteure de votre article, si je ne me trompe pas ? Je l'ai croisée à quelques congrès locaux ici, à Boston. Une chercheuse brillante, d'après ce que je sais. Pourquoi ?

— Elle est venue me voir hier à mon hôtel pour m'annoncer quelque chose de stupéfiant : Andrew n'a pas pu manipuler les données de l'étude, contrairement à ce qu'il a prétendu dans sa lettre de suicide, déclara Rafael, le ton grave. Et pour cause, il n'avait ni accès aux données de l'étude, ni les compétences techniques pour le faire. C'est Mary qui a tout analysé, du début à la fin… Elle m'a assuré que les données publiées étaient authentiques.

Rafael marqua une pause, scrutant l'expression de Tom.

— Tu comprends ce que cela signifie ?

Tom se redressa, son regard passant de l'incrédulité à une réflexion profonde.

— Cela peut signifier deux choses, Rafael : soit Andrew s'est suicidé pour une autre raison que celle qu'il a avouée, soit ce n'était pas un suicide … répondit Tom, laissant sa phrase en suspens.

Rafael secoua la tête avec vigueur.

— Tom, tu n'étais pas là ce soir-là, mais je peux te dire une chose : Andrew était le plus heureux des hommes, déclara-t-il. Nous faisions des plans concrets pour lancer des projets de collaboration afin de mener des recherches approfondies sur l'origine du gène *clpO*, ce gène qui pourrait être à l'origine de l'épidémie d'obésité.

— Rafael, tu crois vraiment qu'Andrew ne s'est pas suicidé ?

— Tom, je commence à croire qu'Andrew a découvert quelque chose d'énorme, quelque chose de tellement dérangeant que cette étude est devenue une menace. Peut-être que ce qu'elle révélait représentait un danger pour des intérêts bien plus puissants que ce qu'on pourrait imaginer.

Tom resta silencieux un instant, assimilant les implications terrifiantes des paroles de Rafael.

— Si tu as raison, et qu'Andrew a été assassiné parce qu'il en savait trop… Pourquoi ni Reiko ni toi n'avez été ciblés également ? demanda Tom.

— Je ne sais pas, répondit Rafael. Peut-être qu'Andrew était le seul à assembler toutes les pièces du puzzle. Il était peut-être plus près de la vérité que nous ne l'étions. Peut-être que cette étude n'était qu'un prétexte.

— Que comptes-tu faire ? demanda Tom.

— Reprendre tout à zéro. Réanalyser les données de l'étude pour voir si elles ont réellement été manipulées. Depuis la mort d'Andrew, personne n'a vraiment cherché à aller au fond des choses. Tout le monde s'est contenté de cette prétendue lettre de suicide. Il est temps que ça change.

— Très bonne idée. Pourquoi ne pas commencer par là, en effet, lança Tom.

— J'aimerais m'y mettre au plus vite. Ça tombe bien, tous les chercheurs de l'étude sont réunis à Boston pour le WMHC : Mary, Reiko et moi.

— Tu veux dire que Reiko est ici ? demanda Tom, visiblement enthousiaste.

— Oui.

— Super ! Ça me ferait vraiment plaisir de la revoir. On formait une sacrée équipe à l'époque, toi, moi et Reiko. Que de souvenirs… Ces années passées ici, à Boston, étaient incroyables.

— Oui, c'était de très bons moments, répondit Rafael avec un sourire nostalgique. Quand j'y repense, ce sont peut-être les meilleurs moments de ma vie. Aujourd'hui, les choses sont… autrement plus compliquées.

Un silence s'installa, chargé d'une mélancolie qu'aucun des deux n'osait briser. Finalement, Tom reprit, changeant légèrement de ton :

— Et comment comptez-vous vous y prendre pour rouvrir l'étude ?

— Nous avons la possibilité de récupérer les données ayant servi à l'étude. Si nous parvenons à les rassembler, nous pourrons reproduire les analyses originelles et enfin vérifier si Andrew a réellement falsifié les données ou si tout cela n'était qu'une mise en scène. Mais pour mener ce projet à bien, il nous faut un laboratoire bien équipé et, surtout, un accès à des serveurs puissants pour faire tourner tous les calculs nécessaires.

Rafael esquissa un sourire et regarda Tom dans les yeux.

— Et c'est là que j'ai pensé à toi, Tom.

Un sourire discret se dessina sur les lèvres de Tom. Il prit une gorgée de son verre, puis répondit avec assurance :

— Bien sûr, Rafael. Utilisez les locaux de Thémis. On a tout ce qu'il vous faut. Et crois-moi, je serai ravi de vous aider. Passez demain matin à Thémis Therapeutics, à *Kendall Square.*

— Génial, je vais prévenir Mary et Reiko.

— Parfait ! Je vous accueillerai avec plaisir et je m'assurerai que vous soyez installés dans les meilleures conditions.

Alors qu'ils quittaient le bar, Rafael sentit une énergie nouvelle monter en lui. Il pensa à Clara, à ses sourires qui s'étaient faits rares, à la douleur qu'elle endurait silencieusement. Pour la première fois depuis des mois,

Rafael entrevoyait une issue. Et avec cette pensée, il se sentit prêt à affronter la tempête qui s'annonçait, porté par une nouvelle certitude : il se battrait pour Clara, pour Andrew et pour lui.

CHAPITRE 6

Rafael quitta son hôtel tôt le lendemain matin, un sac à dos sur l'épaule. Direction *Kendall Square*, à Cambridge, où il devait rencontrer Mary, Reiko et Tom dans les locaux de Themis Therapeutics. Habitué à arpenter les rues de Boston à pied ou en transport en commun, il choisit cette fois-ci la ligne verte. Mise en service en 1897, la ligne verte fut le premier métro souterrain des États-Unis, devançant même l'arrivée du métro parisien en 1900. Rafael se surprit à admirer les vieilles stations, certaines encore ornées de mosaïques et de structures en fer forgé, vestiges d'une époque révolue. Le train avançait lentement, émettant des bruits de claquements caractéristiques, presque anachroniques, qui semblaient transporter Rafael à la fin du XIXe siècle. Il ne pouvait s'empêcher de sourire en pensant que la première puissance mondiale continuait d'utiliser un réseau si désuet. Un contraste saisissant entre la modernité des gratte-ciels de Boston et ces vieux wagons bringuebalants.

Après quelques stations, Rafael changea pour la ligne rouge à *Park Street*, un lieu central de Boston. Contrairement à la ligne verte, la ligne rouge donnait une impression de modernité, ses rames plus récentes filant à travers les tunnels sombres. Rapidement, le métro émergea à l'air libre et s'engagea sur le *Longfellow Bridge*, affectueusement surnommé le « pont Sel et Poivre » par les habitants de la ville. Ce sobriquet populaire lui venait de ses élégants piliers en granit, dont la forme évoquait une salière et un poivrier. Rafael contempla le panorama spectaculaire qui s'étendait devant lui. D'un côté, Boston s'étalait fièrement, ses gratte-ciels reflétant les premiers rayons du soleil. De l'autre, Cambridge commençait à se dévoiler, plus discrète mais non moins impressionnante, avec ses campus universitaires et ses immeubles modernes, berceau des start-ups de pointe en biotechnologie.

En descendant à la station de métro *Kendall/MIT*, Rafael fut immédiatement frappé par l'atmosphère du lieu. *Kendall Square* n'était pas une place ordinaire ; c'était un véritable concentré d'innovation. Les rues étaient bordées de bâtiments modernes aux façades de verre et de métal, chaque immeuble abritant une biotech, une start-up technologique ou un laboratoire de recherche. Les passants étaient pour la plupart des jeunes actifs ou des étudiants, leurs badges autour du cou témoignant de leur affiliation à des entreprises ou à des institutions prestigieuses.

Rafael traversa la place principale, où trônait une sculpture moderne formée de trois grandes lettres orange : KSQ, un symbole affirmant la modernité et l'innovation du lieu. Il se souvenait avoir lu quelque part que *Kendall Square* était « le kilomètre carré le plus innovant de la planète ». L'énergie qui émanait de cet endroit était palpable, et Rafael ne pouvait s'empêcher de se sentir à la fois impressionné et inspiré par l'effervescence qui l'entourait.

Sur sa gauche, un immense immeuble portait le logo

bien connu de Moderna. Cette biotech, autrefois discrète, était devenue un symbole d'espoir pour la Terre entière pendant la pandémie de Covid-19 grâce à son vaccin révolutionnaire à ARN messager. Rafael se remémora les articles qu'il avait lus : Moderna n'avait pas seulement innové, elle avait redéfini la rapidité et l'efficacité avec lesquelles un vaccin pouvait être développé et déployé. *Kendall Square* n'était pas seulement un épicentre de l'innovation ; c'était un moteur du changement mondial.

Il continua à marcher, son regard capté par d'autres noms célèbres : Pfizer, Novartis, Amgen… Et au milieu de ces géants, des start-ups audacieuses comme Themis, qui traçaient leur chemin avec ambition.

En arrivant devant le bâtiment où se trouvaient les locaux de Themis, Rafael prit un instant pour l'observer. C'était un immeuble élégant à la façade en verre, reflétant la lumière du matin. L'ensemble était entouré de jardins soigneusement entretenus, apportant une touche de sérénité au milieu de l'effervescence technologique qui régnait dans le quartier. Un logo discret à l'entrée annonçait *Themis Therapeutics*. Il inspira profondément avant de pousser la porte.

L'intérieur des locaux reflétait l'esprit de *Kendall Square* : moderne, minimaliste, mais fonctionnel. De grandes baies vitrées laissaient entrer une lumière naturelle abondante, et des panneaux affichant des graphiques et des images de bactéries colorées en 3 dimensions. Rafael fut accueilli par une jeune assistante qui, après un sourire cordial, l'accompagna dans un grand espace ouvert — que les Américains appellent *open space* — où des chercheurs, des bio-informaticiens et des techniciens travaillaient en synergie. Tom apparut bientôt, un sourire chaleureux éclairant son visage.

— Bienvenue à *Kendall Square*, Rafael. Et surtout, bienvenue chez Themis.

Rafael serra la main de Tom, impressionné par la modernité qui émanait du lieu. Tout ici semblait conçu pour stimuler la créativité et l'innovation. Tandis qu'il suivait Tom à travers les locaux, il ne put s'empêcher de penser qu'il était au bon endroit, au bon moment. Il semblait être au point de départ d'un nouveau commencement.

Les murs étaient parsemés de photos illustrant les différentes étapes de production de leur produit phare, TH-50. Des laboratoires stériles où des techniciens en combinaisons blanches manipulaient des échantillons, aux grandes cuves d'acier inoxydable destinées à la culture de bactéries pour produire des spores comme celles contenues dans le produit TH-50. Tout témoignait d'une organisation méticuleuse.

Tom s'arrêta devant un tableau montrant une image éclatante des fameuses gélules de TH-50.

— Voilà le résultat de plusieurs années de recherche acharnée, dit-il en désignant la photo. Ces gélules contiennent un cocktail de cinquante bactéries bénéfiques, capables de former des spores. Cinquante ! Tu te rends compte, Rafael ? C'est un exploit.

Rafael observa l'image un moment, puis se tourna vers Tom, intrigué.

— Pourquoi vous êtes-vous concentrés spécifiquement sur les spores du microbiote ? Après tout, seules environ 50 % des bactéries du microbiote sporulent. En vous concentrant uniquement sur celles qui sporulent, ne passez-vous pas à côté d'autres bactéries potentiellement importantes ? Qu'est-ce qui a motivé ce choix ?

Tom esquissa un sourire satisfait, visiblement ravi de répondre à cette question.

— À vrai dire, pour plusieurs raisons. Comme tu le sais, Rafael, les spores, c'est un peu comme le pollen du microbiote. Elles jouent un rôle clé dans l'ensemencement et l'établissement du microbiote intestinal. Ce qui les rend uniques, c'est leur incroyable résistance. On en laisse partout : sur les poignées de portes, les rampes, et même sur notre propre peau. Elles survivent dans des conditions extrêmes, se transportent par l'air ou par contact. Et parfois, quand une personne ne se lave pas bien les mains, ces spores peuvent finir dans la bouche, traverser l'estomac et coloniser l'intestin.

Tom marqua une pause, observant l'expression d'intérêt sur le visage de Rafael, avant de continuer.

— Leur résistance est justement ce qui les rend intéressantes pour une utilisation commerciale. Dans le cas des spores issues du microbiote intestinal, elles peuvent être conservées sur de longues périodes, à condition de respecter des conditions strictes de production et de culture, notamment une absence totale d'oxygène. Cela nous permet de concevoir des produits stables, avec une longue durée de conservation, sans nécessiter de chaînes de froid complexes.

— Très intéressant ! s'exclama Rafael. Je n'avais jamais envisagé les choses sous cet angle. Mais alors, comment avez-vous sélectionné les spores adéquates ? Autrement dit, comment vous êtes-vous assurés que vous n'ensemencez pas le microbiote des gens avec du « pollen » qui donnerait, pour continuer la métaphore, de la mauvaise herbe ?

Tom éclata de rire, visiblement ravi de la comparaison.

— Excellente question. Je vais te résumer notre approche, qui se déroule en plusieurs étapes. Tout d'abord, nous avons recherché les meilleures candidates en identifiant les bactéries présentes chez les personnes en bonne santé et absentes chez celles atteintes de *C. difficile*. Parmi ces bactéries, nous avons retenu celles qui étaient présentes chez les individus capables de se rétablir naturellement après une infection, mais absentes chez ceux qui rechutaient. Cette méthode nous a permis de réduire considérablement notre liste, en éliminant de nombreux candidats pour ne conserver que quelques-uns véritablement prometteurs.

— Et c'est comme ça que vous avez trouvé la combinaison idéale, celle qui a donné naissance au TH-50 ? demanda Rafael.

— Exactement. À l'aide de modèles mathématiques et expérimentaux, nous avons retenu une cinquantaine de bactéries prometteuses. Ces souches ont ensuite été testées rigoureusement sur des animaux, puis validées lors d'essais cliniques où elles ont démontré leur efficacité..

— C'est un processus impressionnant… et très long, commenta Rafael.

— Très long, confirma Tom. Et parfois frustrant. Avant d'arriver à la formule finale de TH-50, nous avons testé plusieurs combinaisons qui n'étaient tout simplement pas assez efficaces.

Tom continua son explication.

— Nous utilisons aussi nos modèles animaux pour explorer les mécanismes d'action des spores. Nous cherchons à comprendre comment elles parviennent à chasser *C. difficile*. Et là, nous avons découvert quelque chose de fascinant.

— Qu'avez-vous trouvé ? s'enquit Rafael, intrigué.

— Figure-toi qu'il se déroule un véritable combat entre spores dans l'intestin, lança Tom avec un sourire amusé.

— Un sport de combat entre spores ! répondit Rafael en riant.

Les deux éclatèrent de rire avant que Tom ne poursuive, plus sérieux :

— Nous avons découvert que les spores du TH-50,

une fois dans l'intestin, s'activent et produisent des acides biliaires secondaires. Ces substances modifient l'environnement de l'intestin, le rendant hostile aux spores de *C. difficile.*

Il fit une pause, puis ajouta :

— Ces acides jouent un rôle essentiel : ils empêchent les spores de *C. difficile* de se « réveiller » et de coloniser l'intestin. En gros, les « bonnes bactéries » du TH-50 recréent une compétition naturelle, celle qui existait avant les déséquilibres causés par des antibiotiques.

— Fascinant, dit Rafael, songeur. Ça me fait penser à Clara. Elle plante toujours du basilic à côté de nos plants de tomates sur le balcon. Apparemment, le basilic produit une substance qui repousse les nuisibles et protège les tomates.

Tom sourit, appréciant l'analogie.

— Exactement. TH-50 fonctionne comme le basilic dans votre potager. Nous utilisons la nature pour rétablir l'équilibre. Et comme avec votre basilic et vos tomates, la clé est de travailler en harmonie avec l'écosystème existant.

Il désigna le logo de Themis affiché sur un mur proche et ajouta :

— C'est d'ailleurs pour cela que nous nous appelons Themis. Themis est la déesse grecque de l'équilibre et de la justice. Notre mission est de maintenir cet équilibre dans le microbiote, de permettre à la nature de fonctionner comme elle le devrait, tout en l'aidant un peu là où elle en a besoin.

— Impressionnant ! Expliqué comme ça, ça a l'air simple, dit Rafael.

Tom secoua la tête en riant doucement.

— Simple ? Pas du tout, Rafael. Il y a un vrai défi technologique derrière tout ça. Faire pousser des bactéries en conditions industrielles, les faire sporuler…

c'est un processus complexe. L'un des défis majeurs vient du fait que les spores sont extrêmement résistantes. Elles survivent aux procédures de nettoyage standard dans les usines. Alors, quand on nettoie nos cuves ou nos équipements, il faut des protocoles très spécifiques et minutieux. Ce n'est pas de la *rocket science*, mais on s'en approche sacrément.

— Vous êtes vraiment en train de redéfinir ce qu'on peut faire avec le microbiote !

Tom posa une main sur son épaule, souriant. Et ils continuèrent leur tour des installations. Ils pénétrèrent dans un vaste *open space* baigné de lumière naturelle, où régnait une atmosphère de concentration studieuse. Les bureaux étaient dépourvus de cloisons. Des écrans d'ordinateurs brillaient sur des tables impeccablement rangées et des tableaux blancs couverts de schémas témoignaient de l'effervescence intellectuelle du lieu. Tom, d'un ton enthousiaste, expliqua que cette disposition avait été pensée pour encourager les échanges et stimuler la créativité entre les équipes.

— Ici, pas de cloisons. Tout le monde peut collaborer librement. On croit vraiment à l'intelligence collective, ajouta-t-il en désignant un coin où plusieurs chercheurs discutaient, entourés de graphiques et de données affichées sur des écrans géants.

En avançant, ils arrivèrent près d'un bureau où une femme blonde était plongée dans la lecture attentive de son écran. Elle portait un chemisier blanc parfaitement ajusté, et ses cheveux blonds impeccablement tirés en arrière dégageaient un visage à la fois élégant et concentré. En entendant leurs pas, elle releva la tête et leur adressa un sourire radieux et chaleureux.

— Rafael, je te présente Olga Kontchewsky, une pièce maîtresse de notre équipe ici chez Themis.

Il ajouta avec enthousiasme :

— Olga, voici le docteur Rafael Martins, un ami de longue date et un expert reconnu dans le domaine du microbiote.

Rafael, par réflexe, fit un geste pour l'embrasser sur la joue, comme en France. Olga sembla surprise, hésitant une fraction de seconde. Dans ce moment de maladresse, leurs visages se frôlèrent. Rafael recula aussitôt, visiblement gêné.

— Oh, pardon, c'est une habitude française, balbutia-t-il avec un sourire embarrassé.

Olga éclata de rire, un mélange d'amusement et de gêne perceptible dans sa voix. Avec un petit accent russe, elle s'exprima dans un français impeccable.

— Pas de souci. Chez nous, en Russie, on s'embrasse aussi… Mais rarement dès la première rencontre, dit-elle en le taquinant.

— Vous parlez un français remarquable, je suis impressionné. D'où vous vient ce talent ? répondit Rafael avec un sourire sincère.

— Je l'ai appris pendant mes études, expliqua-t-elle avec une simplicité modeste. J'ai aussi de la famille éloignée en France. J'adore cette langue, même si je manque parfois de pratique.

Tom, quant à lui, observa la scène avec un amusement discret avant de les interrompre pour recentrer la conversation.

— Désolé, mon français est vraiment rouillé. Je vais passer à l'anglais si ça ne vous dérange pas, dit-il avant de désigner un tableau couvert de données. Olga gère nos algorithmes de modélisation. Grâce à son travail, nous pouvons prédire avec une grande précision les réponses individuelles à nos produits.

Il se tourna ensuite vers Rafael.

— Justement, Olga va travailler directement avec toi sur le profil de Clara. Elle a toute l'expertise nécessaire pour analyser les données et déterminer si TH-50 peut lui convenir.

— C'est une excellente nouvelle. Merci, Olga. J'ai déjà les données du microbiote de Clara prêtes à être analysées, dit-il en sortant une clé USB de sa poche.

Olga répondit avec un sourire rassurant.

— Parfait. Donnez-les-moi et je lancerai les analyses de suite. J'espère vraiment que nous pourrons l'aider.

Rafael lui tendit la clé USB, conscient que de cette analyse dépendait peut-être la vie de Clara.

Olga prit la clé USB que Rafael lui tendait. Elle s'installa rapidement à son bureau, insérant la clé dans l'un des ordinateurs. Ses doigts dansaient avec précision sur le clavier tandis qu'elle ouvrait plusieurs fenêtres et chargeait les fichiers.

— Quel fichier dois-je utiliser ? demanda-t-elle sans lever les yeux de l'écran.

Rafael s'approcha, se penchant légèrement au-dessus de son épaule pour lui indiquer le bon.

— Celui-ci, répondit-il en pointant du doigt un dossier intitulé « Clara_Profil_Microbiote ».

Olga cliqua dessus, examinant rapidement son contenu. Elle releva la tête avec un sourire satisfait.

— Parfait. C'est le bon format. Tout est déjà bien structuré, ce qui va nous faire gagner du temps.

Elle lança l'analyse, ses gestes précis témoignant de sa maîtrise des outils informatiques. Un graphique commença à se dessiner sur l'écran tandis que des barres de progression s'animaient.

— Cela pourrait prendre quelques heures. J'ai configuré l'analyse complète pour être sûre que rien ne soit laissé au hasard, expliqua-t-elle en se redressant légèrement.

Pendant qu'Olga manipulait l'ordinateur, l'attention de Rafael fut attirée par un grand poster accroché au fond de l'*open space*. Le visage en noir et blanc d'un homme âgé, barbu, aux cheveux blancs, occupait toute la surface. Le regard pensif, vêtu d'une blouse de chercheur, il semblait fixer l'horizon.

Rafael plissa légèrement les yeux, laissant échapper un murmure :

— Élie Metchnikoff.

Tom, qui l'entendit, esquissa un sourire.

— Bien vu, c'est bien Élie Metchnikoff ! C'est Olga qui a eu l'idée de mettre son portrait.

— C'est un hommage, expliqua Olga. Metchnikoff, comme vous le savez sans doute, était d'origine russe, né en 1845 à Kharkov, aujourd'hui en Ukraine. Pour le peuple russe, il est une figure majeure, un immense scientifique, lauréat du prix Nobel.

— En somme, votre Louis Pasteur, commenta Rafael.

— Exactement. Et tout comme Pasteur, c'était un visionnaire. Imaginez : il avait compris, il y a plus d'un siècle, que certaines bactéries pouvaient être nos alliées, capables de rétablir l'équilibre du microbiote et d'améliorer notre santé. À son époque, c'était une idée révolutionnaire. Car pour beaucoup de chercheurs, les bactéries étaient uniquement synonymes de maladies, d'infections… peste, choléra. Et pourtant, il a osé penser autrement. Un véritable pionnier.

— En un sens, vous êtes ses héritiers.

— Vous ne pensez pas si bien dire… Il est donc naturel que Themis lui rende hommage.

À ce moment, Mary apparut dans l'*open space*, une sacoche en cuir à l'épaule, un sourire illuminant son visage.

— Ah, Mary, tu arrives pile au bon moment, lança Rafael.

Se tournant vers Olga et Tom, il ajouta :

— Permettez-moi de vous présenter le professeur

Mary McNulty, spécialiste en bio-informatique et ancienne collaboratrice d'Andrew. Mary, voici Tom Barko, Chief Scientific Officer de Themis, et Olga Kontchewsky, bio-informaticienne.

Mary tendit la main.

— Enchantée. Merci de nous accueillir et de nous prêter vos installations.

Tom serra sa main, souriant.

— Le plaisir est pour moi.

Olga lui serra la main avec une fermeté respectueuse.

— Bienvenue, Mary. Tom m'a parlé de votre « mission ». Vous êtes au bon endroit.

Rafael, profitant de ce moment, poursuivit :

— Tom, pourrais-tu nous montrer nos bureaux ? Mary et moi allons nous occuper du rapatriement des données des microbiotes américains et français. Reiko est actuellement en visioconférence depuis sa chambre d'hôtel avec ses équipes pour leur demander de nous transmettre les données de microbiotes japonais. Elle nous rejoindra un peu plus tard.

Tom acquiesça et les guida au fond de l'*open space*. Olga les accompagna, expliquant comment accéder aux serveurs de Themis et leur donnant leurs mots de passe et autorisations d'accès.

— Voici tout ce dont vous avez besoin pour travailler efficacement, dit Olga en désignant leurs postes de travail. Si vous avez la moindre question, je ne suis pas loin.

Rafael et Mary s'installèrent, leurs regards rivés sur leurs écrans. Ils commencèrent méthodiquement à télécharger leurs données : Mary depuis son disque dur personnel, Rafael depuis le serveur ultra-sécurisé de son institut en France. Ces fichiers n'étaient pas censés quitter leur environnement protégé, et en temps normal, Rafael n'aurait jamais envisagé une telle transgression. Mais ce jour-là, il était prêt à franchir la ligne. Pour Andrew. Pour la vérité.

Rafael, plongé dans ses pensées après sa discussion avec Olga, tourna la tête vers le portrait en noir et blanc d'Élie Metchnikoff qui semblait surveiller l'*open space* de son regard pensif. Il tapota légèrement sur la table pour attirer l'attention de Mary, absorbée dans son travail.

— Mary, regarde ce portrait là-bas. Tu sais qui c'est ?

Mary leva les yeux, plissant légèrement les paupières pour mieux distinguer le visage.

— Honnêtement, pas du tout. S'il n'est pas sur Instagram, mes chances de le connaître sont proches de zéro, plaisanta-t-elle.

Rafael rit doucement avant de répondre, taquin.

— Eh bien, laisse-moi te présenter un influenceur avant l'heure : Élie Metchnikoff. Lui, il n'avait pas Instagram, mais il a laissé une empreinte indélébile. Il a vécu à la fin du 19e siècle et au début du 20e, a reçu un prix Nobel pour ses travaux en immunologie sur la phagocytose et est aujourd'hui considéré comme le « père » des probiotiques.

Mary haussa un sourcil, sceptique.

— « Père », vraiment ? Ou plutôt « grand-père » ?

— Laisse-moi t'expliquer. Metchnikoff travaillait à l'Institut Pasteur, aux côtés de Louis Pasteur lui-même. Il a été témoin des travaux révolutionnaires de Pasteur qui mit le projecteur sur les bactéries en démontrant qu'elles étaient responsables de nombreux fléaux : la peste, la tuberculose, les intoxications alimentaires… À cette époque, les bactéries étaient donc perçues comme des ennemies à éradiquer. Le mot d'ordre était simple : éliminer ces microbes pour protéger l'humanité. Cette vision était dominante, même chez ceux qui, comme Metchnikoff, commençaient à s'intéresser aux bactéries de l'intestin. À leurs yeux, le microbiote intestinal n'était rien d'autre qu'une source de toxines et un danger pour la santé.

— On était bien loin de la vision que l'on a aujourd'hui ! s'exclama Mary. Maintenant, on sait que nos bactéries intestinales sont nos alliées. On parle même de symbiose entre l'homme et son microbiote. Autrement dit, notre santé dépend directement de ces milliards de petits partenaires !

— Exactement, approuva Rafael. Mais au début du 20e siècle, la théorie qui prédominait était celle de l'auto-intoxication. Les scientifiques pensaient que le microbiote n'était qu'un vestige inutile, une aberration évolutive qui empoisonnait notre corps en produisant des toxines. Une vision sombre, simpliste, mais qui correspondait aux connaissances limitées de leur époque. Ce n'est finalement que très récemment, avec les découvertes récentes, que ce paradigme a changé. En 2010, pour la première fois, une publication scientifique a décrit l'homme et son microbiote comme une véritable symbiose. Ce concept a ancré l'idée que le microbiote est indispensable à notre santé et que nous avons tout intérêt à le protéger.

Mary écarquilla les yeux, incrédule.

— Sérieusement ? C'est dingue, tellement ça semble évident aujourd'hui.

Rafael esquissa un sourire amusé.

— Élie Metchnikoff était un défenseur de cette théorie de l'auto-intoxication. Il pensait que ces poisons accéléraient le vieillissement et la sénilité. En fin de carrière, il est devenu obsédé par le vieillissement. Il voulait comprendre comment le ralentir. Certains disent qu'il cherchait à combattre sa propre peur de vieillir.

— Et qu'a-t-il découvert ?

— Il a fait une observation étonnante : les populations bulgares, grandes consommatrices de yaourts et de produits laitiers fermentés, semblaient vivre plus longtemps et être en meilleure santé que d'autres. Ce constat l'a conduit à émettre une hypothèse audacieuse : la consommation de yaourts et, de laits fermentés comme le kéfir, pouvaient neutraliser les « poisons » produits par la flore intestinale et ralentir le vieillissement. En 1908, il a publié cette théorie dans son livre *The Prolongation of Life : Optimistic Studies*. Ces travaux ont été à l'origine de l'engouement mondial pour le yaourt et ses ferments, les célèbres ferments lactiques !

— Donc, si je comprends bien, le yaourt, ce simple produit, si banal aujourd'hui, doit en partie sa renommée à Élie Metchnikoff ?

— Oui, tout à fait. Élie Metchnikoff était un peu comme le Steve Jobs de son époque. Il n'a pas inventé les yaourts ni les produits fermentés qui existaient déjà depuis des siècles en Europe de l'Est. Mais il a su les populariser, les rendre attractifs. Et ça a marché ! En 1919, une petite entreprise familiale a commencé à vendre des yaourts dans les pharmacies, fabriqués à partir de ferments issus de la collection de Metchnikoff, pour lutter contre les infections intestinales chez les enfants. Cette entreprise a rapidement connu un succès fulgurant… et est devenue la multinationale que nous connaissons tous aujourd'hui : Danone. L'engouement pour ce produit était tel qu'en l'espace de quelques années, en 1925, le mot « yaourt » est même entré dans le dictionnaire français.

Mary sourit, impressionnée.

— Tu m'as dit qu'Élie Metchnikoff était le père des probiotiques. Tu faisais allusion à son rôle dans la popularisation des yaourts et du kéfir ?

— Non, pas exactement, répondit Rafael. Je faisais plutôt référence aux ferments lactiques qu'il avait isolés et qui étaient vendus en pharmacie sous forme de petites capsules dès 1906 ! Un peu comme les probiotiques que l'on trouve aujourd'hui en pharmacie. L'un des produits phares de l'époque s'appelait la « Lactobacilline ». Quand on lit les publicités de cette époque, elles vantaient ses bienfaits pour la digestion et la santé — c'est presque mot pour mot ce qu'on entend aujourd'hui. C'était une forme de marketing avant-gardiste ! En fait, on pourrait dire que c'étaient les tout premiers probiotiques de l'Histoire.

Mary, toujours fascinée, conclut :

— C'est fou de se dire que, grâce à ses intuitions et aux découvertes sur le microbiote intestinal du début du siècle dernier, les yaourts sont devenus un aliment mondial et que les probiotiques remplissent aujourd'hui des rayons entiers dans nos pharmacies. Finalement, Élie Metchnikoff n'avait peut-être pas toujours raison, mais il a été un véritable visionnaire.

— Exactement, dit Rafael. Être visionnaire, ce n'est pas avoir toujours raison, mais c'est faire bouger les lignes, repousser les limites du possible. Et aujourd'hui, on assiste à une autre révolution du microbiote grâce aux technologies modernes. Imagine ce que sera la médecine dans 50 ans, avec les connaissances que nous accumulons aujourd'hui.

Mary réfléchit un instant, puis lança avec enthousiasme :

— Peut-être que Themis sera le Danone du futur ? Qui sait, dans un siècle, on ensemencera peut-être nos microbiotes avec des souches développées par cette start-up.

Rafael sourit et regarda sa montre.

— Ce serait une belle histoire à raconter. Mais pour l'instant, concentrons-nous sur notre mission.

Mary acquiesça, retrouvant son sérieux.

— Tu as raison. Retour aux bases. Si Metchnikoff a pu révolutionner le monde avec une simple intuition, on peut au moins faire justice à Andrew.

À la fin de la journée, ils avaient réussi à rassembler toutes les données françaises et américaines. Il ne manquait plus que celles de Reiko. D'ailleurs, elle devait passer aujourd'hui, mais visiblement, quelque chose avait dû la retenir. Rafael, inquiet de son retard, décida de l'appeler. Il sortit dans le couloir pour passer son coup de fil. Tandis qu'il composait le numéro, son attention fut attirée par des voix parlant japonais provenant d'une salle de réunion voisine, dont la porte était entrouverte. Intrigué, il y passa discrètement la tête et aperçut Reiko en pleine discussion avec Olga.

Surpris, il frappa légèrement à la porte.

— Bonjour, Reiko ! lança-t-il.

Reiko se retourna, visiblement étonnée de le voir là.

— Oh, bonjour, Rafael ! Justement, je te cherchais ! Je demandais à Olga où tu étais pour te rejoindre. J'ai les données avec moi.

— Je commençais à m'inquiéter.

— Je suis désolée… J'ai été prise par une longue visioconférence et des e-mails urgents à envoyer. La journée est passée à une vitesse folle.

— Je comprends, pas de souci. Est-ce que tu pourras déposer tes données sur le serveur de Thémis ? Mary est juste à côté, elle t'indiquera les instructions détaillées.

— Oui, bien sûr. Je m'en occupe tout de suite, répondit-elle.

Alors qu'ils se dirigeaient tous les trois vers l'*open space*, Rafael se tourna vers Olga, intrigué :

— Olga, vous parlez japonais ?

Olga esquissa un sourire amusé.

— C'est un de mes nombreux secrets. J'ai passé quelques années au Japon pendant mon enfance, alors dès que l'occasion se présente, j'aime le pratiquer.

— Mais vous êtes une véritable polyglotte, alors !

Olga répondit dans un japonais fluide, avec une pointe de malice dans le ton :

— そうです (sou desu)… Cela signifie « C'est exact ».

Rafael laissa échapper un léger rire, impressionné, avant de conduire Reiko vers Mary pour qu'elle puisse transmettre les données.

Vers 18 heures, Rafael sentit la fatigue le gagner. Le décalage horaire se faisait sentir. Il décida qu'il était temps de partir pour prendre un peu de repos.

— Je vais y aller, annonça-t-il en se levant de sa chaise et en commençant à rassembler ses affaires.

Mary releva la tête, les yeux toujours rivés à l'écran de son ordinateur.

— Oui, bien sûr. Je vais rester un peu plus longtemps pour avancer sur les données que Reiko vient de me transmettre. Comme ça, tout sera prêt demain pour lancer les analyses, répondit-elle.

— Pour ma part, je vais rester aider Mary, dit Reiko. Repose-toi bien, Rafael.

Alors que Rafael terminait de rassembler ses affaires, Olga s'approcha doucement.

— Passez une bonne soirée, Rafael, dit-elle d'une voix douce. Je vous appelle dès que l'analyse est terminée. Il ne reste plus beaucoup de temps, mais il est préférable que vous rentriez vous reposer à l'hôtel.

Malgré la fatigue, Rafael décida de ne pas rentrer directement à l'hôtel. Cherchant à se changer les idées, il descendit à la station *Park Street* et se dirigea spontanément vers les rues pittoresques de *Beacon Hill.* Ce quartier, avec ses pavés et ses lampadaires d'époque, réveilla en lui des souvenirs presque douloureux. C'était ici, dans une maison en briques rouges, qu'il avait habité avec Clara. Les images d'eux deux, marchant main dans la main, insouciants et amoureux, défilaient dans son esprit.

Il passa devant le restaurant Figs, qui existait encore. C'était le restaurant préféré de Clara, celui où ils venaient célébrer chaque petite victoire de leur vie. Pris d'un élan de nostalgie, Rafael entra et s'attabla dans un coin tranquille. Il commanda une pizza fine, leur plat préféré, et mangea lentement, absorbé par ses souvenirs.

Le cœur lourd, Rafael quitta le restaurant et marcha lentement jusqu'à son hôtel, les rues silencieuses amplifiant le tumulte de ses pensées. Lorsqu'il poussa la porte de sa chambre, le calme oppressant des lieux le ramena brutalement à la réalité. Il posa son sac sur le fauteuil près de la fenêtre, puis s'assit sur le bord du lit, fixant un instant le vide.

Un vrombissement discret brisa le silence. Son téléphone vibrait sur la table de chevet. Rafael s'en saisit immédiatement, et à peine eut-il décroché qu'il reconnut la voix familière d'Olga.

— Rafael, j'ai les résultats des analyses.

Elle marqua une pause insoutenable. Rafael sentit son estomac se nouer, son cœur battre plus vite.

— J'ai une très mauvaise nouvelle, continua-t-elle. Malheureusement, Clara n'a pas le profil d'une répondeuse à TH-50.

Rafael sentit sa respiration se bloquer, comme si un poids écrasant venait de s'abattre sur lui. Tout l'espoir qu'il avait placé dans ce traitement, tout ce qu'il s'était efforcé de croire possible, venait de s'effondrer en un instant.

— Je suis vraiment désolée, Rafael, ajouta Olga.

Il serra le téléphone contre son oreille, comme pour s'accrocher à un mince fil d'espoir.

— Je ne comprends pas… 90 % des individus répondent à TH-50. Pourquoi pas Clara ? Qu'est-ce qu'elle a de différent ? lança-t-il, la voix chargée de désespoir.

— Je suis désolée, Rafael. L'algorithme d'intelligence artificielle que nous utilisons prédit les réponses au traitement, mais il est incapable d'expliquer pourquoi certaines personnes ne répondent pas.

Ces mots résonnèrent dans l'esprit de Rafael comme un coup de marteau. Un algorithme. Une machine incapable de répondre aux questions qui importaient vraiment. Il se sentit submergé par une vague de découragement.

— Merci, Olga… murmura-t-il faiblement, la voix brisée, avant de raccrocher.

Il resta assis là, le téléphone toujours dans sa main, les doigts crispés. Une douleur sourde s'étendait dans sa poitrine, mêlée d'un sentiment de vide insoutenable. Il se leva finalement, fit quelques pas vers la fenêtre et contempla la ville en contrebas. Et maintenant ? Que lui restait-il à faire ? Clara souffrait, et il n'avait plus aucune solution à lui offrir. Cette pensée tournait en boucle dans son esprit, l'écrasant sous un poids qu'il ne savait plus comment porter.

Rafael se coucha, espérant que l'épuisement de la journée le plongerait rapidement dans le sommeil. Mais la nuit fut interminable. Allongé dans l'obscurité, il fixait le plafond, l'esprit assailli par les mêmes images : le visage de Clara, pâle et affaibli, ses yeux autrefois pleins de vie désormais ternis par la douleur. Chaque fois qu'il fermait les yeux, il voyait son sourire disparaître peu à peu, remplacé par une expression de souffrance qui lui serrait le cœur.

CHAPITRE 7

Quelques heures plus tôt

Dans une pièce faiblement éclairée, nichée dans un quartier discret de Tokyo, une dizaine de silhouettes étaient réunies autour d'une table en bois massif. L'atmosphère était lourde et feutrée. Au centre de la table, un homme à la chevelure argentée et au visage marqué par le poids des années imposait sa présence. Kiyoshi Senshû, surnommé le Maître — ou Sensei, en japonais — incarnait l'autorité. Chacune de ses paroles résonnait comme un décret, et son regard perçant, derrière des lunettes fines, semblait sonder les pensées de tous ceux qui l'entouraient.

Kiyoshi occupait cette position depuis plus de trois décennies, un héritage transmis de père en fils. Son grand-père, Yushirô Senshû, avait été un scientifique visionnaire, à la fois respecté et craint, dont les découvertes avaient façonné une partie de l'histoire scientifique moderne du Japon. Aujourd'hui, autour de cette table, se trouvaient des chercheurs éminents, des sommités, tous unis par une ambition commune : restaurer la grandeur du Japon sur l'échiquier mondial, grâce à la science.

Ces hommes et femmes, d'ordinaire invisibles, étaient les architectes d'un plan savamment orchestré depuis des décennies. Mais ce soir, leur assurance vacillait. Une information alarmante les avait réunis : une menace directe pesait sur tout ce qu'ils avaient bâti.

Le Sensei alluma un système de conférence téléphonique placé devant eux et brisa le silence.

— Bonjour, Professeure Tanaka, dit le Sensei d'une voix posée mais empreinte d'autorité. J'ai réuni le conseil comme vous l'avez demandé. Pouvez-vous nous expliquer ce qu'il se passe ?

La voix féminine hésita légèrement avant de répondre.

— Bonjour Sensei, bonjour à tous, commença-t-elle d'un ton grave. J'ai une très mauvaise nouvelle. Le professeur Rafael Martins a décidé de reprendre l'étude du professeur Andrew Smith. Il semble déterminé à prouver que le professeur Smith a été tué.

Un murmure d'inquiétude parcourut les membres présents. Le Sensei leva la main, ramenant le silence en un instant. Ses yeux se plissèrent, trahissant une colère froide.

— Expliquez-moi, comment est-ce possible ? Nous pensions que la disparition du professeur Smith suffirait à enterrer cette affaire.

La voix féminine hésita un instant avant de reprendre.

— Il semblerait que le sujet ait été réouvert par la professeure Mary McNulty, murmura-t-elle. Elle était la première auteure du papier du professeur Smith. C'est une bio-informaticienne américaine, actuellement assistante professeure à l'université Northwestern de Boston.

Après une courte pause, elle continua :

— Ensemble, ils veulent rassembler les données utilisées dans l'étude initiale et reproduire les analyses du professeur Smith. Leur objectif est clair : prouver que les données n'ont pas été falsifiées. Une telle découverte montrerait que la note laissée par le professeur Smith n'était qu'un faux-semblant et, par conséquent, qu'il ne s'est pas suicidé.

Un silence pesant suivit cette déclaration, jusqu'à ce qu'un homme âgé à la barbe poivre et sel, assis à l'extrémité de la table, prenne la parole.

— S'ils continuent, ils découvriront ce que le professeur Smith avait compris : *clpO* n'est pas apparu par hasard dans la population américaine… S'ils découvrent cela, c'est toute notre organisation qui sera mise à nu. Une telle révélation pourrait déclencher une crise politique et diplomatique mondiale d'une ampleur sans précédent. Les retombées seraient cataclysmiques. Nos alliances au plus haut niveau du gouvernement ne suffiraient pas à contenir cette tempête.

Le Sensei serra les poings, son regard devenant plus acéré.

— Ce serait un désastre ! Cette situation ne peut pas durer. Nous devons intervenir. Que savons-nous de l'état de leur projet ? Où en sont-ils ?

La voix féminine répondit rapidement :

— Ils ont commencé à réunir les données américaines et françaises utilisées dans l'étude du professeur Smith. Ils attendent encore que je leur transmette les données japonaises qui sont les plus importantes pour leur analyse. Pour mener à bien leurs recherches, ils se sont installés dans les locaux de Themis Therapeutics.

Le Maître fronça les sourcils, sa voix devenant plus dure.

— Themis Therapeutics ? Pourquoi là-bas ?

— Le CSO, Tom Barko, est un grand ami du professeur Martins. Il leur a offert l'accès aux serveurs et aux infrastructures de Themis. Leur collaboration pourrait considérablement accélérer leurs découvertes.

Le Sensei resta silencieux un moment, réfléchissant intensément, avant de reprendre avec détermination :

— Il est impératif d'arrêter ces analyses immédiatement. Faites appel à Tatsiana ! Elle a été d'une étonnante efficacité avec le professeur Smith.

Un silence pesant suivit, chacun mesurant l'importance et les conséquences d'une telle décision. Le nom de Tatsiana n'était jamais évoqué à la légère. Bien qu'ils soient tous profondément dévoués à leur patrie et convaincus d'agir pour le bien national, ils restaient avant tout des scientifiques, des chercheurs, pas des assassins.

La voix de l'autre côté du fil répondit avec une assurance calculée :

— Nous avons encore une chance de détourner leur attention. Voici ce que je propose : je vais leur transmettre des données, mais elles seront falsifiées. En réalité, ce ne seront pas des données japonaises, mais des données américaines. Ainsi, lorsqu'ils tenteront de comparer les données entre elles, ils ne trouveront plus aucune cohérence. Les différences que le professeur Smith avait observées disparaîtront, et ils ne pourront pas reproduire ses conclusions. Cela devrait suffire à semer le doute et à les décourager complètement.

Le Maître reprit, son expression froide et impassible.

— Très bien, professeure Tanaka, c'est une idée judicieuse. Faites-en sorte que cela soit fait rapidement et sans aucun faux pas.

Une voix, plus grave et empreinte d'inquiétude, s'éleva depuis l'autre bout de la table :

— Et si cela ne suffit pas ? Si Martins ou McNulty poussent leurs investigations au-delà de ce que nous anticipons ?

Le Maître plissa les yeux, laissant un silence pesant s'installer avant de répondre.

— Alors, Tatsiana interviendra. Nous ne pouvons pas prendre de risques inutiles.

Le Maître fixa le système d'audio-conférence d'un regard perçant, sa voix froide et implacable résonnant dans la salle.

— Professeure Tanaka, si la mission échoue, vous serez tenue personnellement responsable. Comprenez bien que nous sommes arrivés à ce point par votre faute. Vous avez permis que cette situation dégénère, et nous ne pouvons tolérer davantage d'erreurs.

La voix de l'autre côté de la ligne hésita un instant, trahissant une pointe de nervosité.

— Je… comprends, Maître.

— Professeure Tanaka, poursuivit le Sensei. Soyons clairs. Si vous échouez… Tatsiana interviendra de nouveau. Et cette fois, elle s'assurera que TOUS les protagonistes impliqués disparaissent. Vous entendez bien ? TOUS ! Rafaël Martins. Mary McNulty. Et vous, professeure.

Un silence pesant suivit ses paroles. La voix avala sa salive avant de répondre :

— Oui, Sensei. Je vous entends parfaitement. Cela n'ira pas plus loin, je vous en fais la promesse.

Le Sensei mit fin à la communication, son visage toujours impassible. Dans la pièce feutrée, ils échangèrent des regards furtifs, une atmosphère encore plus sourde régnait. Ils savaient que le moindre faux pas pourrait être fatal, non seulement pour leur mission, mais aussi pour chacun d'eux.

La connexion s'éteignit, plongeant la chambre de l'hôtel dans un silence oppressant. Reiko resta immobile, le regard fixé sur son téléphone. Une vague de froid glissa le long de son dos. Les mots du Sensei résonnaient encore dans son esprit.

Ces paroles l'avaient frappée comme un coup de

poignard. Reiko inspira profondément, tentant de chasser l'amertume qui montait en elle. Oui, c'était vrai, elle avait initié la collaboration avec Andrew. À l'époque, cela semblait une opportunité inoffensive, une simple convergence scientifique. Mais les choses avaient dégénéré. Andrew en a payé les conséquences. Et maintenant, Rafael et Mary risquaient de suivre le même chemin.

Elle se leva lentement, croisant les bras comme pour se protéger de l'angoisse qui montait. Les ordres étaient clairs : empêcher Rafael et Mary de découvrir la vérité, coûte que coûte.

Reiko ferma les yeux un instant. Elle n'était pas une tueuse. Elle n'avait jamais voulu être mêlée à ce genre de décisions, à ces jeux d'ombres et de manipulations. La vérité que Rafael et Mary poursuivaient devenait une menace trop grande pour eux, pour elle et pour le Japon lui-même.

Reiko ouvrit son ordinateur portable, les mains légèrement tremblantes. Ses doigts survolèrent le clavier, hésitant une fraction de seconde avant de se mettre en mouvement. Elle accéda au fichier contenant les données des microbiotes japonais utilisés pour l'étude d'Andrew. Ses yeux parcouraient rapidement les lignes de données, s'assurant que tout était en ordre. Puis, méthodiquement, elle entreprit de remplacer les séquences initiales par des données de microbiotes américains qu'elle avait rassemblées à partir de bases de données publiques disponibles. Les noms des participants, des variables et des fichiers restèrent identiques, une ruse destinée à éviter toute suspicion immédiate. Aux yeux de quiconque examinant ces fichiers, tout semblerait authentique. Mais en réalité, la vérité avait été soigneusement effacée.

Une fois la substitution terminée, elle transféra ces données sur un disque dur externe. Lorsque le transfert fut enfin achevé, elle ferma les yeux un instant, laissant un soupir s'échapper de ses lèvres.

Reiko resta immobile devant son écran, son visage pâle illuminé par la lueur froide de l'ordinateur. La culpabilité s'insinuait en elle, mais elle la repoussa. Ce qu'elle faisait n'était pas une trahison personnelle, se répétait-elle. C'était un sacrifice pour préserver un secret bien plus grand. Elle savait que cette vérité, si elle venait à éclater, pourrait ébranler des institutions, des alliances… des nations entières.

Le poids de la décision l'écrasait, mais elle n'avait pas le choix.

Un murmure à peine audible brisa le silence de la pièce.

— Pardonne-moi, Andrew…

Elle referma lentement son ordinateur, le bruit sec du clapet résonnant dans sa chambre d'hôtel. Il était tard, et Mary et Rafael devaient sûrement se demander ce qu'elle faisait. Elle ne pouvait pas éveiller les soupçons. Elle attrapa son sac, y glissa son ordinateur avec précaution, puis sortit de l'hôtel pour se rendre chez Themis et rejoindre Mary et Rafael.

CHAPITRE 8

Rafael ouvrit les yeux dans la pénombre de sa chambre d'hôtel. Une lumière pâle s'infiltrait à travers les rideaux mal tirés, dessinant des ombres indécises sur le plafond. Il n'arrivait pas à dormir. Allongé sur le dos, il fixa un point invisible au plafond, les mots d'Olga résonnant dans sa tête comme un mantra sinistre : *Clara ne répondra pas au traitement TH-50.*

Ces mots n'étaient pas seulement un constat ; ils étaient une condamnation. Une sentence qu'il ne savait pas comment contester. Il passa une main sur son visage, comme pour effacer cette réalité. Il tourna la tête vers l'horloge digitale posée sur la table de chevet : 4 h. En France, il était déjà 10 h. Une impulsion, un besoin presque viscéral de se connecter à Clara, le poussa à attraper son téléphone. Machinalement, il tapa un message :

Clara, comment vas-tu ? Tu te sens bien ? Je t'embrasse.

Il relut le message trois fois. Pas pour vérifier s'il était bien écrit, mais parce qu'il espérait y trouver quelque chose, un mot, une intention, qu'il aurait peut-être oublié. Finalement, il appuya sur « envoyer ». Il attendit. Une minute. Puis deux. Puis cinq. Rien. Le téléphone resta silencieux. Pas de vibration, pas de réponse. Rafael posa l'appareil sur la table de chevet, les yeux rivés sur l'écran comme si cela pouvait accélérer les choses.

L'icône à côté du message restait figée : *non lu.* L'attente devenait insupportable, chaque seconde s'étirant comme une éternité. Une heure passa, et l'écran restait obstinément muet.

Il se leva, fit les cent pas dans la chambre sombre, puis s'arrêta devant la fenêtre. Dehors, les premières lueurs du jour commençaient à poindre sur Boston, éclairant à peine les rues désertes. La lumière du matin ne lui apportait aucun réconfort. Elle ne faisait que souligner à quel point il était loin.

Rafael attrapa son téléphone à nouveau et parcourut ses contacts, cherchant un point d'ancrage. Ses doigts s'arrêtèrent sur un nom familier : *Fabien.* Il hésita une seconde, puis appuya sur l'icône pour lancer l'appel.

Le téléphone sonna trois fois avant qu'une voix ne réponde à l'autre bout.

— Allô ?

— Allô, Fabien. C'est Rafael. J'espère que je ne te dérange pas. Je voulais prendre des nouvelles de Clara. Comment va-t-elle ?

Il y eut un silence. Juste assez long pour que Rafael comprenne que la réponse ne serait pas bonne.

— Pas bien, Rafael, finit par répondre Fabien. Sa fièvre ne baisse pas. Elle est très faible. Les médecins envisagent de la placer sous sédation prolongée pour stabiliser son état.

Ces mots frappèrent Rafael comme un coup de poing. Il ferma les yeux, l'estomac noué.

— Fabien… commença-t-il d'une voix tremblante. J'ai une mauvaise nouvelle.

Il inspira profondément avant de continuer :

— J'ai contacté la société Thémis Therapeutics. Ils ont

analysé le microbiote de Clara. Et… Ils prédisent qu'elle ne répondra pas à leur traitement.

Un silence pesant s'installa. Rafael entendit Fabien soupirer doucement à l'autre bout du fil.

— Je suis désolé, Rafael, dit-il finalement. Je sais combien tu comptais sur ce traitement.

— C'était notre dernier espoir. Je ne sais plus quoi faire, Fabien. Je me sens… complètement impuissant.

— Écoute, Rafael. Tu as fait tout ce que tu pouvais. Plus que n'importe qui. Mais parfois, il faut accepter que certaines choses ne dépendent pas de nous.

Rafael serra le téléphone dans sa main, ses doigts blanchissant sous la pression. Il détestait cette idée d'impuissance.

— Les médecins ici n'ont pas abandonné, continua Fabien. Il reste des options thérapeutiques à explorer. Clara a besoin que tu sois fort. Ne l'oublie pas.

Un bip retentit à l'arrière-plan, suivi d'un soupir de Fabien.

— Désolé, Rafael, ma consultation reprend. Quand est-ce que tu rentres ?

— Mon avion décolle ce soir à 23 h, heure locale. Je devrais être à Paris demain dans l'après-midi.

— Très bien, on se voit demain alors.

— Merci, Fabien. À bientôt, répondit Rafael, la voix presque éteinte.

Rafael raccrocha. Cette nuit-là, une fois de plus, malgré la fatigue, le sommeil ne vint pas. Couché sur le dos, les yeux fixés sur le plafond, il ressassait les événements des dernières heures. Andrew. Clara. Les souvenirs et les questions tournaient en boucle dans sa tête, comme un film qu'il ne pouvait pas arrêter.

Il resta allongé, immobile, écoutant les bruits de la nuit s'éteindre lentement. Le silence, pourtant apaisant, ne calmait pas le tumulte de ses pensées. Il comptait les heures. Les minutes. Jusqu'à ce que l'alarme de son téléphone brise enfin cette attente interminable. 6 h 30. Il se redressa d'un coup. Une nouvelle journée l'attendait et bientôt il rejoindrait Clara.

Vers 7 h 30, Rafael quitta l'hôtel après avoir confié ses bagages à la conciergerie. Il les récupérerait le soir, juste avant son vol. La lumière froide du matin baignait les rues de Boston. Elle accentuait les ombres sous ses yeux, traces évidentes d'une nuit sans sommeil. Il marcha d'un pas rapide, les mains enfoncées dans les poches de son manteau, perdu dans ses pensées.

À 8 h précises, il franchit les portes vitrées de Themis. Le hall, immaculé et silencieux, semblait désert, comme si la vie n'y avait pas encore repris. Rafael passa son badge, et les portes automatiques s'ouvrirent.

Dans l'*open space*, il aperçut Mary et Reiko, déjà installées devant leurs écrans. Elles semblaient figées dans la même position que la veille, comme si elles n'avaient jamais quitté leur poste. Rafael s'arrêta un instant pour les observer.

Mary, les cheveux attachés à la hâte, avait le visage marqué. Des cernes profonds assombrissaient ses yeux, et sa peau semblait plus pâle que d'habitude. Reiko, de son côté, paraissait concentrée, mais une tension émanait de ses gestes précis et mécaniques.

Rafael avança vers elles, le bruit de ses pas résonnant sur le sol. Mary releva les yeux et il fut frappé par l'inquiétude qu'il y lut.

— Bonjour. Vous avez passé la nuit ici, les filles ? lança Rafael, tentant de détendre l'atmosphère. Mary, on dirait que tu n'as pas dormi de la nuit. Tu as une sale tête.

Mary leva les yeux vers lui, visiblement exténuée.

— Merci, répondit-elle avec une pointe d'ironie. Je n'ai pas fermé l'œil. J'ai passé des heures à travailler sur les données que Reiko m'a transmises.

Elle le détailla un instant avant d'ajouter :

— Mais toi aussi, Rafael, tu n'as pas meilleure mine.

Rafael baissa les yeux, sa voix s'éteignant presque.

— C'est Clara… Elle est au plus mal. Les médecins envisagent de la placer sous sédation prolongée.

Mary pinça légèrement les lèvres, visiblement touchée par ses mots.

— Je suis désolée, Rafael. J'espère de tout cœur qu'elle ira mieux.

Un court silence s'installa. Mary posa une main légère sur son bras, un geste à la fois discret et réconfortant.

— Mettons-nous au travail, dit Mary doucement, presque comme une suggestion. Ça te changera les idées.

Rafael hésita une seconde avant de demander :

— Mary, tu penses qu'on aura terminé aujourd'hui ? Je repars à Paris ce soir. Mon avion est à 23 heures.

— On devrait avoir une idée des premiers résultats rapidement. Pour le reste, on continuera par e-mail ou visioconférence.

Elle se détourna, reportant son attention sur l'écran devant elle.

— Alors ne perdons pas de temps, dit-elle, son ton redevenu résolument professionnel. Reprenons là où nous nous étions arrêtés hier. Je vais lancer les premières analyses pour convertir les séquences ADN en tables de comptage.

Rafael la regarda faire, son esprit déjà absorbé par la complexité des données. Le tic-tac d'une horloge lointaine semblait marquer le compte à rebours silencieux jusqu'à son vol, mais pour l'instant, il décida de se concentrer pleinement.

Rafael s'installa à ses côtés. Tandis que Mary tapait rapidement sur son clavier, Rafael observait l'écran, hypnotisé par les lignes de code qui défilaient et les graphiques qui commençaient à prendre forme.

— Regarde, dit Mary en pointant une ligne particulière. Ce sont les premières données. Les échantillons de base.

Rafael se pencha, fixant les chiffres qui apparaissaient à l'écran.

Quelques minutes après, Olga et Tom arrivèrent à leur tour, leur énergie contrastant avec la tension ambiante.

— Bonjour tout le monde. Alors, vous avez pu avancer comme prévu ?

— Les analyses avancent, répondit Mary. On aura les résultats d'ici peu.

De son côté, Reiko semblait étrangement nerveuse. Elle savait parfaitement ce qui allait se passer. Les données qu'elle avait minutieusement falsifiées ne montreraient aucune différence significative entre les microbiotes japonais et américains. Avec cette conclusion, l'affaire serait close et leurs recherches enterrées une bonne fois pour toutes. Ce soir, Rafaël prendrait son avion pour rentrer chez lui et s'occuper de Clara. Avec un peu de chance, son départ détournerait l'attention et mettrait un terme à cette histoire. Ce chaos deviendrait alors un souvenir lointain… Ou du moins, c'est ce qu'elle espérait, le cœur battant à un rythme qu'elle avait du mal à contrôler.

Mary prit une profonde inspiration et compta à haute voix :

— 5… 4… 3… 2… 1… Voilà.

— Alors ? Ça y est ? demanda Tom, l'impatience marquant sa voix.

— Pas encore. Maintenant que les séquences de toutes les populations—américaines, françaises et japonaises—sont traitées de la même façon, je vais pouvoir quantifier le gène *clpO*… Voilà. Et maintenant, je compare leur niveau entre les trois populations, ajouta Mary, concentrée.

Tous se penchèrent vers l'écran, suspendus au moment de vérité. Un graphique clair se dessina, révélant les données tant attendues : *clpO* était nettement sur-représenté dans le microbiote des Américains, quasiment absent chez les Japonais, et présent à un niveau modéré en France.

Mary et Rafael échangèrent un regard, leurs yeux brillant d'excitation et de soulagement. C'était le résultat qu'ils attendaient, la preuve qui confirmait enfin les travaux d'Andrew.

— C'est incroyable ! s'exclama Rafael, son cœur battant plus vite. Mary, on l'a fait !

— Oui ! Voilà la preuve qu'il nous fallait. Andrew n'a pas falsifié les résultats.

Mais leur célébration fut de courte durée. Une prise de conscience brutale s'abattit sur eux, aussi violente qu'un coup de massue. Ce résultat signifiait quelque chose d'autre, bien plus sombre : Andrew ne s'était pas suicidé. Il avait été tué.

Un frisson glacé parcourut Rafael. Il fixa Mary, dont le sourire s'effaçait peu à peu.

— Mary… murmura-t-il. Cela signifie qu'Andrew a été… assassiné.

Mary déglutit, les mots peinant à sortir de sa gorge.

— Oui, Rafael. Et cela veut dire qu'en rouvrant cette étude, nous sommes peut-être nous aussi en danger.

— Il faut prévenir la police, dit Tom. Nous avons maintenant assez de preuves pour qu'ils réouvrent l'enquête.

Pendant ce temps, Reiko blêmit en entendant les mots de Rafael, sa gorge se nouant sous l'impact de leur portée. « Nous avons confirmé les conclusions d'Andrew ». Cette phrase tournait en boucle dans son esprit. Elle serra les poings sous la table, ses ongles s'enfonçant dans la chair pour masquer le tremblement de ses mains.

Comment cela avait-il pu arriver ?

Elle avait pris toutes les précautions possibles. Les données qu'elle avait données à Mary avaient été soigneusement modifiées. Jamais Mary n'aurait pu reproduire les résultats d'Andrew. Chaque séquence ADN qu'elle avait transmise portait l'apparence trompeuse des microbiotes japonais, alors qu'en réalité, ils provenaient de microbiotes américains. C'était une manipulation méticuleuse, conçue pour être indétectable. Pourtant, quelqu'un avait dû détecter cette manipulation et vu à travers son mensonge. Quelqu'un savait. Quelqu'un a dû remplacer ses données par les données originelles ! Cela ne pouvait être qu'une personne de l'équipe ayant accès au serveur de Themis. Mary, Tom, Rafael ou ...Tatsiana. Oui, Tatsiana avait certainement été activée malgré ce qu'avait dit le Sensei. Si c'était le cas, la confrontation était imminente, inévitable. La situation allait lui échapper. Les paroles du Sensei résonnaient dans sa tête : Tatsiana s'occupera de tout le monde. Cette pensée lui glaça le sang. Reiko serait certainement la première cible de Tatsiana. Son regard balayait furtivement la pièce, cherchant une échappatoire. C'était maintenant ou jamais. Ils étaient tous plongés dans leurs écrans, captivés par les résultats. Elle tourna la tête vers la sortie. À ce moment-là, son regard croisa celui d'Olga qui était derrière elle. Olga perçut la détresse dans les yeux de Reiko.

— Reiko, tout va bien ? Vous me semblez perturbée.

Reiko sentit une vague de panique monter en elle. Elle se leva brusquement et, avec une habileté inattendue, exécuta un coup de pied rapide de karaté, un *mawashi geri*. Forte de son deuxième dan en karaté, ce geste fluide et précis fut exécuté avec une aisance naturelle. Le coup atteignit Olga en pleine poitrine, la projetant en arrière. Elle heurta violemment un bureau derrière elle avant de s'effondrer au sol, sa tête cognant le coin du meuble dans un bruit sourd.

Profitant de la confusion, Reiko s'élança vers la sortie de l'*open space* en courant. Les couloirs de Themis Therapeutics, qu'elle connaissait à peine, s'étendaient devant elle comme un labyrinthe inconnu. Elle jeta un coup d'œil en arrière. Tom était à ses trousses, sa silhouette se détachant dans la lumière blanche des néons.

— Reiko ! Arrête ! cria-t-il, sa voix résonnant dans l'espace désert.

Elle ne répondit pas, se concentrant sur sa fuite. Ses pas précipités résonnaient sur le carrelage brillant, et chaque virage était un pari. Elle ne savait pas où elle allait. Elle tourna à gauche, puis à droite, le souffle court, et s'arrêta brusquement en réalisant qu'elle s'était engagée dans un cul-de-sac.

Tom se rapprochait, ses pas devenant plus distincts. Reiko paniqua, rebroussa chemin en hâte, trébucha sur un câble qui traînait au sol et s'effondra lourdement. Son genou heurta violemment le sol, lui arrachant un cri de douleur. Elle se releva précipitamment, grimaçant, et reprit sa course en boitant légèrement.

— Reiko ! Tu ne peux pas continuer comme ça ! cria Tom, sa voix pleine de frustration.

Elle trouva un escalier et s'y engouffra, dévalant les marches aussi vite que son genou blessé le permettait. Elle manqua de tomber plusieurs fois, se rattrapant de justesse à la rampe. Chaque mouvement lui coûtait, mais elle savait qu'elle n'avait pas le choix. En bas, elle déboucha dans un long couloir faiblement éclairé. Elle aperçut des panneaux indiquant la sortie, une lueur d'espoir perçant son esprit embrouillé.

Derrière elle, les pas de Tom résonnaient toujours, mais il semblait avoir ralenti. Elle atteignit enfin la porte principale. Ses mains tremblantes poussèrent la poignée avec force. Elle ne se retourna pas. Elle s'engouffra dans la rue.

Quelques secondes plus tard, Tom surgit à l'entrée, à bout de souffle. Il s'arrêta net, constatant qu'elle avait déjà disparu. Frustré, il frappa la porte de sa main. Se retournant brusquement, il courut rejoindre le groupe. Quand il arriva, Mary et Rafael étaient agenouillés près d'Olga, qui respirait encore mais semblait inconsciente.

— Comment va-t-elle ? demanda Tom, essoufflé, en se penchant à côté d'eux.

Mary releva la tête.

— Elle respire, mais elle est inconsciente.

— Je vais appeler une ambulance, lança Tom.

Il sortit son téléphone et composa le 911. Après quelques sonneries, la voix du répartiteur répondit.

— 9 1 1. Comment puis-je vous aider ?

—Une collègue vient de se faire agresser par une personne que nous pensons impliquée dans un meurtre. Elle est inconsciente. Sa tête a heurté violemment un meuble. C'est urgent. Venez vite. Nous sommes à Themis Therapeutics, Cambridge. Envoyez une ambulance et la police rapidement.

La voix du répartiteur était calme mais directive.

—Restez en ligne. On va y aller par étape, monsieur. Pouvez-vous confirmer l'état de la victime ? Respire-t-elle ? Y a-t-il du sang ?

Tom regarda Olga, allongée sur le sol. Mary vérifia sa respiration et plaça doucement un mouchoir contre la plaie sur son front.

— Oui, elle respire, répondit Tom. Mais elle est blessée à la tête et inconsciente.

— Très bien. Placez-la en position latérale de sécurité si ce n'est pas déjà fait. Une ambulance et une voiture de police sont en route. Restez avec elle.

Tom remercia l'opérateur avant de raccrocher. Il se tourna vers Mary et Rafael.

— Ils arrivent dans quelques minutes, dit-il.

Mary, concentrée, ajusta la position d'Olga, la plaçant en position latérale de sécurité et murmura :

— Tiens bon, Olga. Les secours arrivent.

Rafael était toujours sous le choc.

— Mais qu'est-ce qui s'est passé ? Qu'est-ce qui lui a pris ? demanda-t-il, l'air égaré. Vous comprenez quelque chose, vous ?

Mary plongea son regard dans celui de Rafael, comme si elle cherchait à mesurer l'impact de ce qu'elle s'apprêtait à dire. Elle inspira profondément, hésitant une fraction de seconde avant de parler.

— Rafael, Tom… Écoutez. Je vous dois des explications.

— Des explications ? répéta Rafael, confus.

— Oui, tout cela n'était qu'un piège que j'ai tendu au tueur, finit par avouer Mary.

— Un piège ? demanda Rafael.

— Oui, un piège. Laissez-moi vous expliquer.

Elle inspira profondément avant de continuer.

— Je voulais convaincre la police de rouvrir l'enquête sur la mort d'Andrew. Mais je savais que je ne pouvais pas simplement débarquer en disant : « Hé, les gars, vous vous êtes trompés. La lettre de suicide d'Andrew n'en est pas une. Il a été assassiné, mais je ne sais ni par qui ni pourquoi ». Ils m'auraient ri au nez ! Il me fallait autre chose. Une preuve. Une vraie. C'est alors que l'idée m'est venue : relancer l'étude d'Andrew, reproduire ses résultats et faire en sorte que tout le monde le sache. Si le tueur avait éliminé Andrew à cause de cette étude, alors il reviendrait. Il reviendrait pour finir ce qu'il avait commencé. Il me suffisait d'être à l'affût du moindre signe suspect, prête à intervenir et à prévenir la police au premier danger, pour le prendre la main dans le sac.

Mary marqua une pause, sondant le visage de Rafael à la recherche d'une réaction.

— Mais c'est insensé ! lança Rafael. Comment as-tu pu nous embarquer là-dedans sans nous en parler avant ?! Tu te rends compte du risque que tu nous as fait prendre !

—Je n'avais pas le choix, Rafael. Si je vous avais tout dit, auriez-vous accepté de m'aider ? Et puis, mets-toi à ma place. Je ne savais pas qui était impliqué. Ça aurait pu être n'importe qui : toi, Reiko, ou quelqu'un d'autre. Je ne pouvais faire confiance à personne.

— Mais le tueur aurait pu s'en prendre à nous, à toi ! C'est complétement inconscient !

— Tu crois que je n'y ai pas pensé ? répondit Mary, plus déterminée. Chaque jour, je me suis demandé si je n'étais pas en train de signer notre arrêt de mort. Mais si je n'avais rien fait, on aurait enterré la vérité avec Andrew. Cela fait deux ans que je vis avec ce secret. Je n'en pouvais plus !

Un silence lourd s'abattit sur eux. Rafael la fixa, la mâchoire serrée, ses pensées s'entrechoquant. Il voulait lui en vouloir, il voulait lui reprocher son silence. Mais au fond, il comprenait.

— Tu as raison, Mary, finit-il par lâcher d'une voix résignée. J'aurais peut-être fait pareil.

Il la regarda, son expression s'adoucissant, teintée d'une compassion sincère. Il ne pouvait qu'imaginer ce qu'elle avait dû endurer. Le poids de ce secret, si longtemps gardé, devait être écrasant.

— Maintenant que c'est fait, poursuivit-il d'un ton plus ferme, allons jusqu'au bout. Cette histoire a trop duré.

Il marqua une pause, réfléchissant à ce que Mary venait de dire, les pièces du puzzle se mélangeant encore dans son esprit. Puis une pensée le frappa.

— Attends une seconde... Si Reiko est vraiment impliquée dans la mort d'Andrew, pourquoi aurait-elle accepté de collaborer avec nous ? C'est complètement suicidaire.

— La vérité, c'est qu'elle n'a pas collaboré. Elle a fait semblant, répondit Mary, en secouant la tête. Les données qu'elle m'a transmises hier étaient truquées.

Rafael fronça les sourcils, intrigué.

— Truquées ? Qu'est-ce que tu veux dire ?

— Tu te souviens de cette étude sur le microbiote japonais ? Celle qui a montré que les Japonais possèdent un gène unique, issu d'une bactérie marine, qui leur permet de dégrader les algues entourant les makis ?

— Bien sûr, répondit Rafael. Ce gène est unique : il n'existe pas dans les microbiotes des autres pays. Il provient d'une bactérie présente sur les algues utilisées dans la cuisine japonaise. En les consommant, les Japonais ingèrent cette bactérie, qui finit par transmettre ce gène à leur microbiote. C'est un exemple fascinant d'adaptation du microbiote à l'alimentation. Je le mentionne souvent dans mes cours.

Mary le regarda avec une expression grave.

—Ce gène, Rafael, il n'était pas dans les données que Reiko m'a transmises.

Rafael sentit son estomac se nouer.

— Attends… Tu veux dire que ces données…

— … n'étaient pas japonaises, acheva Mary. Après vérification, elles provenaient de microbiotes américains.

Elle fit une pause.

— Quand j'ai compris que Reiko a essayé de nous tromper, j'ai décidé de la piéger. De la prendre à son propre jeu.

— Comment ça ?

— J'ai remplacé les données qu'elle m'a transmises hier par les données originales, celles qu'elle avait envoyées à Andrew à l'époque, et que j'avais soigneusement conservées sur mon disque dur.

Rafael resta bouche bée.

—Tu avais gardé ces données ? Décidément, c'est une manie ! C'est contraire à toutes les procédures de gestion des données personnelles !

— Oui, je sais, mais quelque chose me disait qu'un jour, j'en aurais besoin.

— Une fois que tout sera fini, il faudra vraiment que tu détruises toutes les données personnelles que tu as conservées sur ton disque dur !

— Ne t'en fais pas. Quand cette histoire sera finie, je n'en aurai plus besoin. J'effacerai tout. Promis.

Elle se redressa et reprit le fil de son explication.

— Pour en revenir à Reiko. Hier soir, j'ai donc remplacé ses données par celles utilisées dans l'article d'Andrew. Ce matin, quand elle a vu qu'on reproduisait exactement les mêmes conclusions, elle a compris.

Mary claqua des mains avec une énergie qui fit sursauter Rafael.

— Elle était démasquée ! Sa fuite en dit long. C'est un aveu évident.

Au même moment, l'ambulance arriva. Très vite, les ambulanciers se précipitèrent vers Olga, toujours inconsciente mais dont la respiration s'était stabilisée. Après avoir pris ses constantes et vérifié ses blessures, ils constatèrent qu'elle commençait doucement à reprendre conscience.

— Elle doit être emmenée immédiatement à l'hôpital.

Tom se tourna vers Mary et Rafael.

— Je l'accompagne, dit-il. Je veux m'assurer qu'elle soit en sécurité. Mary, Rafael, restez ici, attendez la police et racontez-leur tout ! Cette histoire a assez duré.

Alors que Tom suivait les ambulanciers, un inspecteur s'avança vers Mary et Rafael. C'était un homme grand, légèrement enrobé, presque chauve avec une couronne de cheveux bruns et une moustache épaisse qui lui donnait un air désuet.

— Inspecteur Jack Callahan, dit-il en sortant un carnet de sa poche.

Mary se rapprocha pour lui serrer la main.

— Inspecteur, merci d'être venu si vite. Je suis Mary McNulty, professeure assistante à l'université de Northwestern. Et voici Rafael Martins, chercheur français en visite.

— Merci pour les présentations. Pourriez-vous m'en dire plus sur les circonstances de cette agression ?

— Pour que vous compreniez, il faut remonter à deux ans, à la mort du professeur Andrew Smith…

Callahan fronça les sourcils.

— Andrew Smith ? Le fameux professeur qui s'est suicidé après avoir laissé une note avouant qu'il avait falsifié les résultats d'une étude scientifique ? demanda Callahan.

— Attendez, vous connaissez Andrew ? Et les détails de sa mort ?

— Il se trouve que c'était moi l'inspecteur chargé de cette affaire à l'époque. Je m'en souviens très bien. Ce suicide avait fait beaucoup de bruit. Non seulement parce que cela remettait en cause l'intégrité scientifique du professeur Smith, mais aussi celle de Harvard dans son ensemble. La presse s'y était intéressée de près.

— Inspecteur, j'ai toutes les raisons de croire que la lettre de suicide d'Andrew n'était qu'une mise en scène destinée à dissimuler la vérité.

— Une mise en scène ? Vous êtes en train de me dire que ce suicide pourrait ne pas en être un ? Que j'aurais bâclé mon enquête ? lança l'inspecteur, sa voix montant d'un cran.

—Inspecteur, je ne remets pas en cause votre travail.

Ce que je dis, c'est que dans sa prétendue lettre de suicide, Andrew avoue avoir falsifié les résultats de l'étude. Mais c'est techniquement impossible. Andrew n'avait pas accès aux données et il n'avait pas les compétences pour les manipuler. C'était moi qui analysais les données. Lui, il m'aidait à les interpréter, à orienter mes analyses. Il n'aurait jamais pu falsifier quoi que ce soit. Je vous le répète, c'est une mise en scène destinée à cacher la vérité : il a été tué.

Callahan poursuivit sur le même ton exaspéré :

— Professeur McNulty, je suis désolé, mais je ne vois pas où vous voulez en venir. Pourquoi me parler d'une affaire vieille de deux ans, basée sur des suppositions ? Quel est le lien avec l'agression qui s'est produite aujourd'hui ?

— J'y arrive, inspecteur, répondit Mary avec calme. Je voulais parler à la police, leur dire exactement ce que je viens de vous expliquer. Mais je savais que remettre en cause la version officielle nécessiterait des preuves solides. Votre réaction, d'ailleurs, en est une parfaite illustration. Alors, j'ai tendu un piège pour confondre le tueur.

Elle plongea son regard dans celui de Callahan, défiant son scepticisme.

— Et Reiko Tanaka est tombée dedans.

Callahan haussa un sourcil.

— Reiko Tanaka ? Qui est-ce ?

Rafael, qui jusque-là s'était contenté d'écouter, prit la parole.

— C'est la personne qui a agressé Olga et qui, selon toute vraisemblance, a également tué Andrew.

Callahan leva une main pour l'interrompre.

— Je vous arrête tout de suite. On n'accuse pas quelqu'un de meurtre juste parce qu'il a donné un coup de pied et pris la fuite.

Rafael continua en insistant.

— Vous admettrez que c'est quand même surprenant, inspecteur.

— Surprenant, peut-être. Mais ça n'en fait pas une meurtrière. D'ailleurs, qui est cette Reiko Tanaka au juste ?

— Reiko était une collègue, une amie d'Andrew. Et la mienne aussi.

Mary prit le relais.

— Reiko a joué un rôle clé dans les travaux d'Andrew. Elle lui a fourni des données essentielles pour sa publication, des données sur le microbiote de la population japonaise. Hier soir, elle était censée nous transmettre ces mêmes données pour que nous reproduisions les résultats d'Andrew. Mais…

Elle s'interrompit, puis fixa Callahan droit dans les yeux.

— Les données qu'elle m'a transmises n'étaient pas celles de Japonais, mais des données américaines.

— Peut-être une simple erreur ? suggéra Callahan.

— Un bon moyen de le savoir, c'était de faire comme si de rien n'était, de remplacer les données transmises par les données originelles et d'attendre sa réaction. Si c'était une erreur, Reiko aurait été aussi heureuse que nous de voir les résultats reproduits. Mais ce n'est pas ce qui s'est passé. Au contraire, elle a paniqué et s'est enfuie.

Rafael intervint :

— Et dans sa fuite, elle a assené un coup de karaté à Olga, qui est tombée. Ce qui, honnêtement, ne m'étonne pas, puisqu'elle est ceinture noire. En chutant, Olga s'est cogné la tête contre le bureau.

Callahan prenait des notes méthodiquement, sa main se déplaçant rapidement sur son carnet. Lorsqu'il releva la tête, une lueur d'intérêt traversa son regard.

— Sans aller jusqu'à valider votre théorie de meurtre,

je dois admettre que son comportement est pour le moins étrange. Mais faisons l'hypothèse que ce que vous dites est vrai : pourquoi Reiko aurait-elle agi ainsi ? Qu'avait-elle à gagner ?

Mary échangea un regard avec Rafael avant de répondre avec prudence.

— L'étude d'Andrew a permis une découverte majeure : les Américains posséderaient un gène unique dans leur microbiote, un gène qui pourrait expliquer l'épidémie d'obésité qui sévit actuellement aux États-Unis. Ce gène…

Mary n'eut pas le temps de terminer. Callahan leva une main, l'interrompant sèchement.

— Un gène qui expliquerait l'obésité ?! J'ai l'impression de lire ce titre dans la presse tous les mois. *« Un gène, responsable de l'épidémie d'obésité ! »* Vous savez quoi ? L'obésité est un mal qui ronge le peuple américain, et on aura beau chercher dans tous les sens, on devient gros parce qu'on mange trop, point final ! Pas besoin d'un gène pour expliquer ça !

Rafael inspira profondément, gardant son calme.

— Eh bien, justement, commença-t-il, ce que nous avons trouvé avec Andrew, c'est que cette faim incontrôlée, ce besoin compulsif de manger, pourrait être causé par un gène du microbiote intestinal.

Callahan fronça les sourcils. Il n'était pas convaincu, mais Rafael vit qu'il avait réussi à capter son attention.

— Ce gène, appelé *clpO*, agit comme un inhibiteur de la satiété, poursuivit Rafael. Lorsqu'il est produit en grande quantité, il interfère avec les signaux chimiques que le cerveau reçoit, ceux qui vous disent : *« C'est bon, vous avez assez mangé »*. Résultat ? Une sensation de faim permanente, un besoin de manger qui ne disparaît jamais.

Callahan le fixa, immobile, puis lâcha d'un ton sceptique :

— Je ne suis pas sûr d'avoir tout saisi dans votre charabia scientifique, mais si je comprends bien, vous êtes en train de me dire que nous ne sommes pas responsables de notre obésité… Et que c'est la faute de notre microbiote ?

Rafael continua, son regard plongeant dans celui de Callahan.

— Ce que je dis, c'est que nous sommes bien plus influencés par notre microbiote que nous ne voulons le croire. Nos choix alimentaires, nos pulsions, nos comportements… Une partie de tout cela est dictée par ces milliards de micro-organismes qui vivent en nous.

Callahan se gratta le menton, son visage partagé entre scepticisme et fascination.

— Et vous avez des preuves ? lança-t-il.

— L'étude d'Andrew a mis en évidence une corrélation forte entre la présence de ce gène et une prise alimentaire accrue, expliqua Rafael. Autrement dit, les personnes possédant ce gène dans leur microbiote mangent plus. Et nous avons confirmé cela sur des modèles animaux : quand nous avons introduit une bactérie contenant *clpO* chez des souris, elles ont commencé à manger beaucoup plus. Et quand nous avons supprimé ce gène, leur comportement alimentaire est redevenu normal.

— Si ce que vous dites est vrai… C'est révolutionnaire, murmura Callahan.

— C'est ce que nous croyons. Mais c'est aussi ce qui a coûté la vie à Andrew.

Le silence qui suivit sembla s'étirer indéfiniment. Mary se tourna lentement vers Rafael. Elle hésita un instant avant de parler, sa voix chargée de gravité.

— Et il y a autre chose…Rafael, je ne t'en ai pas encore parlé mais Andrew m'avait confié une observation très étrange. Ce gène, *clpO*, ne se serait pas retrouvé dans le microbiote des Américains par hasard. Quelqu'un l'y aurait placé délibérément.

— Délibérément ? Je ne comprends pas, Mary… Que veux-tu dire ? lança Rafael.

— En étudiant les séquences génétiques entourant le gène *clpO*, nous avons découvert qu'il était situé sur un plasmide. Et ce plasmide portait des caractéristiques qui indiquent une construction humaine.

Chaque mot de Mary résonnait dans l'esprit de Rafael comme un coup de tonnerre, une révélation qui changeait tout.

Callahan fronça les sourcils, visiblement confus.

— Désolé, mais pouvez-vous me traduire ce jargon scientifique ?

Rafael tenta de simplifier.

— Un plasmide, c'est comme un petit chromosome circulaire que les bactéries utilisent pour échanger des gènes entre elles, expliqua Rafael. Dans les laboratoires, on utilise des plasmides synthétiques pour insérer de nouveaux gènes dans des bactéries à des fins de recherche. Par exemple, on peut insérer un gène qui rend des bactéries fluorescentes sur un plasmide. Une fois ce plasmide transféré dans une bactérie, celle-ci devient fluorescente.

Il marqua une pause, laissant à Mary le soin de poursuivre :

— Eh bien, Andrew avait découvert que *clpO* était porté par un plasmide. Mais ce plasmide contenait des séquences qui ressemblaient étrangement à celles des plasmides synthétiques utilisés en laboratoire. Cela signifie que ce plasmide n'est pas apparu naturellement. Quelqu'un l'aurait donc conçu en laboratoire, probablement pour qu'il puisse se transmettre au sein des bactéries du microbiote humain.

Rafael remarqua l'air perplexe de Callahan et tenta de

simplifier davantage.

— En résumé, quelqu'un aurait placé le gène *clpO* sur un fragment d'ADN, un plasmide, capable d'infecter les bactéries du microbiote. Ce plasmide se transmettrait d'un individu à l'autre, infectant progressivement toute une population… et les rendant obèses.

Callahan secoua lentement la tête, comme s'il tentait d'assimiler cette révélation.

— Ça ressemble à un scénario de science-fiction, dit-il. Vous êtes sûrs de ça ?

Rafael échangea un regard avec Mary avant de répondre :

— C'est techniquement possible, oui.

— Mais pourquoi quelqu'un ferait ça ? Quel serait le but ? demanda Callahan. Qui aurait intérêt à manipuler le microbiote humain de cette façon ?

— Vous savez combien rapporte l'industrie de la santé liée à l'obésité ? demanda Mary. Des milliards, Inspecteur. Les grandes entreprises pharmaceutiques ont tout intérêt à ce que l'obésité se propage et perdure.

Callahan haussa un sourcil, son intérêt piqué au vif.

— Continuez, dit-il simplement.

— Les grandes entreprises pharmaceutiques commercialisent des traitements contre l'obésité, mais aussi contre toutes les maladies qui en découlent, qu'on appelle les comorbidités : le diabète, les maladies cardiovasculaires, ou encore certains types de cancers. Tout cela représente des marchés colossaux, générant des milliards de profits chaque année.

— Reiko Tanaka avait-elle des liens connus avec l'industrie pharmaceutique ? demanda Callahan.

— Reiko avait des connexions avec certains industriels de la pharma, répondit Rafael après un instant de réflexion. Elle m'a confié avoir été invitée, tous frais payés, à assister au congrès sur le microbiote qui s'est tenu cette semaine à Boston. L'invitation provenait d'une grande entreprise, PharmaBiotech.

— On est en pleine théorie du complot, là ! lança Callahan. Big Pharma qui manipule génétiquement le microbiote des Américains pour faire grossir les gens et vendre plus de médicaments ? Vous vous rendez compte de ce que vous dites ?

Il secoua la tête, un sourire incrédule sur les lèvres.

— Franchement, ça ressemble plus à un roman de science-fiction qu'à une enquête sérieuse. Vous avez pensé à une hypothèse plus réaliste ?

Rafael échangea un regard avec Mary, visiblement contrarié par le scepticisme de Callahan, mais il n'eut pas le temps de répondre. Callahan leva une main pour les couper.

— Revenons au cas concret qui nous amène aujourd'hui. Votre collègue, Olga, a été agressée par une certaine Reiko Tanaka, n'est-ce pas ? Essayons de la retrouver. Elle pourrait peut-être nous éclairer davantage. Vous avez une photo d'elle ?

Mary hocha la tête et fouilla rapidement dans les dossiers de son ordinateur portable qui était à proximité. Après quelques clics, elle fit apparaître une image sur l'écran de son ordinateur et le tourna vers Callahan.

— Voici. C'est une photo prise lors de la soirée de célébration du papier publié dans *Nature*, la veille de la mort d'Andrew. Reiko est au centre, avec Andrew.

Pendant que Callahan scrutait l'image avec attention, Mary et Rafael échangèrent un regard chargé d'émotion. Ce cliché, figé dans le temps, ravivait des souvenirs enfouis. Les visages souriants sur la photo respiraient la joie et la gratitude, une célébration sincère d'un succès collectif. Pourtant, en contraste cruel, cette soirée avait marqué le début d'une tragédie.

Rafael, fixant l'écran, sembla troublé.

— Mary, je ne me souvenais pas de cette photo. Pourrais-tu me l'envoyer ?

— Oui, bien sûr, répondit Mary. En quelques clics, elle transféra la photo à Rafael.

Callahan, toujours concentré sur l'image qu'il avait sous les yeux, releva la tête d'un air réfléchi.

— Rafael, pouvez-vous me la transférer ? demanda-t-il en lui tendant une carte de visite. Voici mes coordonnées. Je la transmettrai à mes collègues pour qu'un appel à témoins soit diffusé.

Rafael saisit la carte d'un mouvement automatique, tapota le numéro de Callahan dans son téléphone, puis sélectionna rapidement la photo qu'il venait de recevoir.

— C'est envoyé, dit-il en appuyant sur « envoyer ».

Un bip discret émana du téléphone de Callahan. Il consulta l'écran, satisfait.

— Merci. Je viens de la recevoir.

Il rangea son téléphone dans la poche intérieure de sa veste et fixa tour à tour Mary et Rafael.

— J'aurai besoin de vous voir tous les deux demain après-midi au commissariat pour vous interroger plus précisément sur l'affaire du meurtre d'Andrew Smith. D'ici là, je vais me replonger dans ce dossier et vérifier certains éléments.

Rafael répondit avec une certaine urgence dans la voix :

— Impossible, j'ai un avion à prendre ce soir pour rentrer en France. Ma femme est au plus mal, elle a besoin de moi à son chevet. Je dois rentrer, inspecteur.

Callahan secoua la tête, visiblement ennuyé.

— Monsieur Martins, je comprends parfaitement votre situation, dit Callahan avec une voix posée. Cependant, maintenant que vous m'avez alerté sur le possible meurtre du professeur Smith, je suis tenu de procéder à toutes les vérifications nécessaires. Votre témoignage pourrait s'avérer crucial, tant pour les événements survenus à l'époque que pour ce qui se passe aujourd'hui. Ceci dit, vous êtes, bien évidemment, libre de rentrer en France si vous le souhaitez.

Rafael détourna le regard, la mâchoire serrée, tandis qu'un conflit silencieux se jouait en lui. L'idée de laisser Clara seule une journée de plus l'angoissait profondément. Mais une autre responsabilité, tout aussi impérieuse, le retenait ici : comprendre la vérité. Pourquoi Reiko avait-elle tué Andrew ? Que cherchait-elle à dissimuler ?

— Inspecteur, est-il possible de venir au commissariat cet après-midi ? demanda Rafael.

Callahan secoua la tête, sans détour.

— Impossible. Nous avons une visite du grand chef aujourd'hui. Je ne serai pas disponible. Ne pourriez-vous pas prendre le vol suivant ?

Rafael resta silencieux. Avant qu'il ne puisse répondre, Mary s'approcha de lui. Elle posa une main légère sur son épaule, son regard cherchant le sien.

— Je comprendrais si tu devais partir, murmura-t-elle doucement.

Mais ses yeux, suppliants, disaient tout l'inverse.

Rafael ferma les yeux un instant, laissant l'air emplir ses poumons. Clara. Mary. Andrew. Tout se mélangeait dans un chaos d'émotions contradictoires. Pourtant, au milieu de ce désordre, une certitude émergeait : il pouvait encore aider Mary.

Lorsqu'il rouvrit les yeux, une lueur de détermination brillait dans son regard.

— Très bien, dit-il. Je prendrai le vol suivant. Demain matin, sans faute.

— Venez demain à 9 h au commissariat, répondit Callahan.

Mary intervint alors, sa voix teintée d'inquiétude.

— Inspecteur, que faisons-nous d'ici demain ? Pouvez-vous assurer notre protection ? Il y a potentiellement une tueuse en liberté.

Callahan esquissa un sourire, légèrement désabusé.

— Madame McNulty, si je devais envoyer une brigade de protection pour chaque coup de pied donné, il me faudrait une armée… Désolé, mais je ne peux pas faire plus que ce que je fais actuellement. Mon meilleur conseil : restez ensemble et privilégiez des endroits fréquentés, où il y a du monde autour de vous.

Mary hésita un instant avant de répondre, visiblement troublée.

— Inspecteur, j'habite dans une maison isolée à Brookline… Je ne me sens pas capable d'y retourner tant que cette affaire n'est pas résolue.

Rafael proposa sans réfléchir :

— Mary, viens dormir à l'hôtel. J'ai une chambre avec deux lits. Ce sera plus sûr.

Mary sembla peser ses options un instant. Elle ne connaissait finalement que très peu Rafael. Mais devant le risque et poussée par la peur, elle répondit.

— D'accord. Au moins pour cette nuit.

— Très bien. Affaire réglée.

Callahan quitta la pièce, satisfait d'avoir donné ses consignes. Il se tourna une dernière fois vers eux avant de partir.

— Et soyez prudents.

Une fois seuls, Mary et Rafael échangèrent un regard furtif, visiblement embarrassés par la situation. Ils ne se connaissaient pas vraiment, et l'idée de partager une chambre les mettait mal à l'aise. Un silence gênant s'installa, ponctué de sourires figés et maladroits. Mais rapidement, la gravité de la situation les rattrapa, balayant leur embarras en un instant.

— Rafael, je dois te montrer quelque chose, dit Mary,

sa voix à peine plus forte qu'un murmure. Allons au calme.

Mary fit signe à Rafael de la suivre. Sans un mot, elle l'emmena dans une petite salle de réunion adjacente. Une fois à l'intérieur, elle ferma la porte, posa son ordinateur portable sur la table et l'alluma en silence. Rafael observa Mary taper sur son clavier.

— Rafael, hier soir, quand j'ai rassemblé les données pour l'analyse de ce matin, j'ai commis une erreur, commença-t-elle d'une voix hésitante. Par accident, j'ai intégré un profil qui n'aurait pas dû s'y trouver. Ce profil était isolé dans un répertoire nommé « microbiote français ». Je n'ai pas fait attention sur le moment… Mais ce matin, avant que tu arrives, je me suis aperçue de l'erreur.

Elle marqua une pause, ses yeux cherchant ceux de Rafael.

— Le fichier portait un nom très précis : « Clara_Profil_Microbiote ». Je me suis dit que…

Rafael, comprenant aussitôt, interrompit Mary :

— Il s'agit très probablement des données que j'ai transmises à Olga hier pour qu'elle analyse la compatibilité de Clara avec le traitement TH-50, expliqua-t-il. Elle a dû les déposer là par erreur.

— Oui, c'est ce que j'ai pensé… Rafael, il y a un élément troublant que j'ai découvert dans ces données, ajouta Mary.

Elle retourna l'ordinateur vers lui.

— Regarde ça.

Mary ouvrit un fichier sur l'écran devant eux. Une représentation graphique complexe apparut : un cercle entouré de flèches, annoté d'une légende en lettres rouges : PLASMIDE. Rafael plissa les yeux, essayant de comprendre.

— Que montre ce graphique ? demanda-t-il.

— J'ai retrouvé chez Clara une souche de *C. difficile*, ce qui était attendu. En revanche, j'ai découvert que cette souche porte un plasmide qui ressemble étrangement à celui que nous avions identifié avec Andrew. Mais celui-ci est légèrement différent : au lieu de porter le gène *clpO*, il contient un autre gène… une toxine. Regarde.

— Une toxine ? Qu'est-ce que cela veut dire ?

L'esprit de Rafael, d'habitude si vif et analytique, semblait brouillé par cette révélation. Il fixa Mary, son regard implorant une réponse.

— Je ne peux pas l'affirmer avec certitude, répondit Mary. Mais tout indique que ce plasmide n'est pas naturel, un peu comme celui qui porte *clpO*…

— Je ne comprends plus rien. Est-ce que cela signifie que Clara aurait été… elle aussi contaminée ?

— Tout pointe vers une intervention humaine, oui. Si c'est vrai, cela pourrait signifier qu'il y a un lien entre *clpO*, Andrew et la maladie de Clara.

Rafael sentit une vague de panique monter en lui. Il se prit le visage entre les mains.

— Mais… pourquoi ?

Mary le fixa, une lueur de tristesse dans les yeux.

— Pourquoi est souvent la question la plus difficile à résoudre en science, répondit-elle doucement. Essayons de découvrir qui est derrière tout cela, et on saura pourquoi.

CHAPITRE 9

Cela faisait des années qu'il n'avait pas partagé un dîner avec quelqu'un d'autre que Clara et il se sentait étrangement nerveux. Rafael aligna les couverts devant lui, encore une fois. Ce n'était pas la première fois depuis qu'ils s'étaient assis, et il savait que Mary l'avait remarqué. Pourtant, ses mains semblaient incapables de rester immobiles.

Autour d'eux, le restaurant de l'hôtel était éclairé par une lumière tamisée, douce et apaisante. Les conversations feutrées des autres clients formaient un murmure lointain, ponctué par le tintement discret des couverts sur les assiettes. L'arôme subtil des plats servis flottait dans l'air. C'était un moment suspendu dans le temps, bien loin des tensions et des révélations des dernières heures.

Mary observait Rafael en silence, son verre de vin blanc entre les doigts. Il était clair qu'il n'était pas à l'aise, mais ce qui la troublait, c'était de se retrouver à dîner avec lui. Dîner avec le célèbre professeur Martins.

Elle se souvenait de lui, des années plus tôt, lorsqu'il collaborait avec Andrew. À l'époque, ils n'avaient jamais vraiment échangé directement. Tout passait par Andrew.

Rafael était déjà une figure reconnue dans le domaine, un collaborateur international respecté, et il avait environ vingt ans de plus qu'elle. Une certaine distance les avait toujours séparés : générationnelle, professionnelle, et peut-être même culturelle.

Pour Mary, ce dîner avait une dimension étrange, presque irréelle. Être assise à cette table avec lui, dans un cadre aussi calme, après les événements récents, créait un contraste saisissant. Elle n'était pas certaine de ce qu'elle devait dire, ni même de ce qu'elle devait ressentir.

Elle porta son verre à ses lèvres, tentant de masquer son propre trouble, puis brisa finalement le silence avec un sourire amusé.

— Rafael, est-ce que quelque chose te tracasse ? Tu as aligné tes couverts au moins dix fois depuis qu'on s'est assis. Ou alors, tu es un grand maniaque du rangement ?

Rafael, pris au dépourvu, éclata d'un petit rire spontané, léger, qui brisa enfin la tension.

— Oh non, pas du tout ! Tu serais surprise de savoir à quel point je suis désorganisé quand il s'agit de ma vie personnelle. Clara pourrait t'en dire long là-dessus.

Mary arqua légèrement un sourcil, intriguée.

— Vraiment ? Ce n'est pas du tout l'impression que tu donnes en te regardant. On dirait quelqu'un qui maîtrise tout à la perfection.

Le serveur arriva avec leurs plats, interrompant l'échange. Ils avaient choisi le même repas : une *clam chowder* en entrée, une soupe typique de la Nouvelle-Angleterre, servie dans des bols élégants qui laissaient échapper une vapeur réconfortante.

— *Clam chowder*, j'adore ! lança Rafael.

Mary sourit à son tour, détendue par cette remarque simple.

— Moi aussi.

Elle porta son verre à ses lèvres et goûta une gorgée

de vin, laissant les arômes délicats envahir son palais.

— Ce Bourgogne Aligoté, c'est un très bon choix, Rafael !

Il esquissa un sourire, amusé par la remarque.

— C'est l'un des avantages de dîner avec un Français : on connaît nos vins !

Le silence s'installa de nouveau. Les lumières tamisées et la douce mélodie en fond semblaient envelopper l'espace, créant une atmosphère de sérénité. Finalement, Mary rompit le silence, posant la question qui lui tournait dans la tête depuis un moment.

— Clara… Cela fait longtemps que vous êtes ensemble ?

Rafael esquissa un sourire, chargé de nostalgie.

— On s'est rencontrés ici, à Boston, il y a un peu plus de quinze ans. C'est pourquoi cette ville est si particulière pour moi.

— Plus de quinze ans, c'est beau, répondit Mary en posant son verre. Aujourd'hui, on a l'impression que l'amour est… jetable. On le consomme comme un post Instagram. On aime, on like, on n'aime plus, on zappe. J'ai l'impression que plus personne ne se bat vraiment pour sauver l'amour.

Rafael, pensif, fit glisser son index sur le bord de son verre.

— Je comprends ce que tu veux dire. Mais en même temps… en quinze ans, l'amour est mis à rude épreuve. C'est un défi. Surtout quand la maladie s'en mêle, murmura-t-il.

Mary l'observait attentivement, captant la tristesse dans ses mots.

— Cela fait longtemps qu'elle est malade ?

Rafael inspira profondément, comme pour rassembler ses pensées.

— Il y a deux ans, Clara a eu un cancer. Avec de la

chance, elle s'en est sortie et aujourd'hui, elle est en rémission. Mais depuis, elle a attrapé cette foutue infection à *C. difficile*. Cela fait deux ans qu'on enchaîne les séjours à l'hôpital, les hauts et les bas… On a mis notre couple entre parenthèses.

Il s'arrêta un instant, ses doigts se crispant légèrement sur son verre. Puis il reprit, le regard fixé sur la table.

— Elle est devenue distante. Pas par choix, bien sûr. Mais c'est comme si elle vivait dans une autre réalité, dans un monde où je ne peux pas la rejoindre. Et moi, de mon côté, pour tenir, je me suis plongé dans mon travail.

Il marqua une pause, sa voix se brisant légèrement.

— Et puis, il y a eu la mort d'Andrew. Tout est arrivé en même temps. Aujourd'hui, je ne sais même plus si je suis encore en couple avec Clara ou juste son colocataire.

Mary posa lentement son verre sur la table, touchée par cette confidence. Ses yeux cherchaient à capter l'émotion dans la voix de Rafael, comme pour lui offrir un soutien silencieux.

— Je comprends… murmura-t-elle.

— Tu sais, j'essaie d'être là pour elle. J'ai fait tout ce que je pouvais, tout ce que je pensais juste. Mais parfois, je me demande si elle aurait préféré que je sois quelqu'un d'autre. Quelqu'un de plus fort, de plus capable. Quelqu'un qui pourrait la sortir de cet enfer.

Mary resta silencieuse un instant, réfléchissant aux mots de Rafael. Elle finit par ajouter :

— Être là pour elle, Rafael, c'est déjà énorme. C'est quelque chose que tout le monde n'aurait pas fait.

— Peut-être. Mais est-ce suffisant ?

Mary soutint son regard un moment, pensive, avant de détourner les yeux. Un léger silence s'installa, puis Rafael, cherchant à relancer la conversation, demanda :

— Et toi, Mary, tu es avec quelqu'un ?

Mary esquissa un sourire.

— Non, plus maintenant. Cela fait deux ans que je suis célibataire. Ma dernière relation a duré un an. Il n'a pas supporté mon obsession pour la science.

Elle marqua une pause.

— Et je le comprends. J'ai passé beaucoup de temps sur l'étude d'Andrew. C'était devenu ma vie. Mon partenaire ne comprenait pas. Il trouvait que je m'investissais trop, que je l'oubliais.

Rafael, surpris par cette confession inattendue, réagit :

— Nous, scientifiques, sommes maudits par la science.

Mary le regarda, intriguée.

— Au début, ta partenaire t'admire, continua Rafael, sa voix teintée d'une douce amertume. Elle trouve ton esprit scientifique fascinant, presque romantique. Tu es l'explorateur, celui qui cherche des réponses dans l'inconnu. Ça sort de l'ordinaire. Mais avec le temps, ça change. Petit à petit, elle commence à se sentir en compétition avec ta carrière. Et à la fin, elle finit par réclamer plus de temps. Elle ne comprend pas ton amour pour la science. Pour elle, c'est une obsession, une rivale qu'elle ne peut pas battre. Elle se persuade que tu aimes plus la science qu'elle. Et alors, elle part. Et bien sûr, elle part pour quelqu'un qui a un travail conventionnel, un métier simple à comprendre. Quelqu'un qui travaille dans la finance ou à la réception d'un hôtel. Quelqu'un qui est… « disponible ». Pas pour un scientifique qui vit dans un autre monde, toujours perdu dans ses recherches.

Il laissa sa phrase en suspens, un sourire triste flottant sur ses lèvres.

Mary l'écouta attentivement, visiblement émue par ses paroles.

— Tu as parfaitement décrit ce que j'ai vécu.

Un silence s'installa entre eux, lourd mais chargé d'une étrange forme de réconfort. Dans ce moment suspendu, ils comprirent qu'ils partageaient bien plus qu'une quête de vérité : un amour dévorant pour leur métier, souvent au détriment de tout le reste.

— Quelle est la solution alors ? demanda Mary. Être avec un autre scientifique ? Quelqu'un qui comprendrait mieux cette passion ?

Rafael secoua doucement la tête.

— Pas sûr. Car, dans ce cas de figure, plus personne n'est là pour rééquilibrer ta vie. Pour te rappeler à la réalité du quotidien. Chacun est absorbé par son propre travail. Et au final, c'est un ménage à trois : toi, ton partenaire… et la science.

Mary posa son menton sur sa main.

— Alors il n'y a pas de solution ? On est destiné à être malheureux ?

Il resta silencieux un instant, cherchant ses mots, avant de répondre, son regard plongé dans le sien.

— Non, il faut juste trouver la bonne personne.

— Et combien de temps ça peut prendre ? demanda Mary.

— Ne sois pas pressée, Mary. Tu es jeune, drôle, intelligente… Et tu as un charme fou.

Mary sentit ses joues s'empourprer, surprise par ce compliment inattendu. Un silence s'installa, empreint de quelque chose de plus profond que du simple malaise. Finalement, Rafael rompit la tension avec un sourire avant de lever son verre.

— Alors, levons notre verre aux incompris. Ceux qui essaient de concilier science et amour, même si c'est un sacré défi.

Mary éclata d'un rire léger et leva son verre à son tour.

— Aux incompris, répéta-t-elle en souriant.

Le tintement de leurs verres résonna dans l'air feutré du restaurant, marquant un instant de complicité rare. Pendant une fraction de seconde, il sembla à Rafael que le poids des événements récents s'allégeait, remplacé par une chaleur inattendue, fragile mais réconfortante.

Leur discussion s'interrompit lorsqu'un serveur s'approcha pour débarrasser les assiettes et apporter le plat suivant : des *lobster rolls* accompagnés d'un verre supplémentaire de vin blanc. Rafael ne put s'empêcher de sourire en regardant l'assiette devant lui.

— Je crois que je suis tombé amoureux de ce plat, plaisanta-t-il.

Mary éclata de rire.

— Moi aussi ! C'est simple, mais c'est tellement bon.

Ils savourèrent leur repas, la conversation devenant plus légère, ponctuée de rires et de petites anecdotes. Rafael se surprit à se détendre, à apprécier vraiment cet instant. Puis Mary se leva avec un sourire.

— Je reviens tout de suite, dit-elle en attrapant son sac. Je vais aux toilettes.

Rafael acquiesça d'un signe de tête, son regard la suivant alors qu'elle s'éloignait. Il resta assis, jouant distraitement avec son verre. L'atmosphère du restaurant, les murmures des conversations voisines, le tintement des couverts… Tout cela semblait s'éloigner, lui laissant un espace pour réfléchir.

Cela faisait si longtemps qu'il n'avait pas partagé un dîner comme celui-ci. Mary était différente. Brillante, drôle et sincèrement attentive. Elle semblait apprécier sa compagnie, sans jugement, sans attente.

Mais alors que cette pensée lui effleurait l'esprit, une ombre vint assombrir son visage. Clara. Est-elle encore avec moi par amour ? Ou simplement par habitude ? Et moi… est-ce que je l'aime encore ?

Ces questions tournaient en boucle dans son esprit, des interrogations qu'il avait évitées trop longtemps. Il réalisa soudain à quel point il s'était enfermé dans son travail pour ne pas y faire face, pour ne pas affronter cette réalité qu'il redoutait.

Il s'enfonça dans sa chaise, le regard perdu dans son verre. Clara méritait mieux. Peut-être méritait-elle quelqu'un qui serait totalement là pour elle, sans détour ni distraction. Mais alors… lui aussi avait-il droit à mieux ? À un amour qui ne serait pas étouffé par le poids des non-dits et des compromis ?

Rafael poussa un soupir discret, son regard se posant sur la chaise vide de Mary.

Il releva les yeux en voyant Mary revenir vers la table, souriante. Et en cet instant précis, il décida de ranger ses pensées, au moins pour le reste de la soirée. Les cheveux roux de Mary encadraient son visage radieux, et ses yeux bleus pétillaient légèrement sous la lumière tamisée. Il se sentit transporté vingt ans en arrière, à une époque où tout semblait possible.

Mary revint à sa place, et en posant son sac à main sur la chaise, une petite boîte glissa et tomba au sol. Elle roula jusqu'aux pieds de Rafael, qui se pencha pour la ramasser.

— Alors, voyons ce que nous avons là, dit-il, observant l'emballage. Des probiotiques ?

Elle rougit légèrement en récupérant la boîte, un sourire gêné aux lèvres.

— Coupable, dit-elle avec un petit rire. Oui, je prends des probiotiques. Avec mon rythme de vie et mes repas souvent désordonnés, ça ne peut pas faire de mal.

Rafael reprit la boîte entre ses mains, ses doigts jouant distraitement avec le carton. Il lut à voix haute, en plissant légèrement les yeux.

— *Bifidobacterium digestius* ? demanda-t-il, en arquant un sourcil. Intéressant… Qu'est-ce qui t'a fait choisir ceux-là ? Comme tu le sais, il y a probiotiques et probiotiques.

Mary haussa légèrement les épaules.

— Franchement ? Le packaging et le nom.

« *Digestius* »… Ça sonnait bien. Je me suis dit que ça devait aider la digestion.

Rafael éclata de rire, un rire sincère qui résonna doucement dans la pièce.

— Mary, tu es une scientifique. Tu ne devrais pas te fier à un joli nom ou à une boîte attrayante. C'est exactement ce que les marketeurs espèrent !

Elle lui lança un regard faussement vexé, croisant les bras avec une exagération théâtrale qui fit sourire Rafael.

—Je ne suis que bio-informaticienne, pas microbiologiste. Alors, monsieur le spécialiste, qu'aurais-tu fait à ma place ?

Rafael, amusé par son ton, s'appuya sur le dossier de sa chaise.

— Eh bien, pour commencer, j'aurais évité de me faire avoir par un joli packaging. Ensuite, j'aurais pris le temps de chercher le nom exact de la souche ou des souches contenues dans ce produit. Et pour finir, j'aurais vérifié ce qu'en disent les études scientifiques.

Il posa la boîte sur la table, prenant un air faussement solennel.

— Beaucoup de produits affichent « probiotique » en gros sur l'emballage, mais les bactéries qu'ils contiennent ne sont rien de plus que des bactéries sans réelle efficacité prouvée. Ce qui compte, ce sont les preuves scientifiques. Est-ce que la souche, ou les souches, du produit ont été testées dans des études cliniques sérieuses ? Sinon…

Il fit une pause dramatique avant de conclure :

— Sinon, tu te retrouves à acheter une boîte de poudre de perlimpinpin !

Mary éclata de rire.

— Alors, professeur Martins, qu'aurais-tu choisi ? Un autre produit avec un nom beaucoup moins sexy, mais avec de vraies preuves scientifiques ?

Rafael répondit, son ton devenant plus sérieux mais

toujours léger.

— Absolument. Un probiotique, un vrai, doit répondre à des critères précis. Une souche vivante, administrée en quantité suffisante, avec des études cliniques solides pour prouver son efficacité.

Mary prit une gorgée de vin, visiblement intéressée.

— Solides, comment ?

— Disons que, pour moi, comme pour de nombreux scientifiques et experts du domaine, un probiotique mérite notre confiance uniquement s'il a démontré des effets positifs dans deux ou trois essais cliniques bien conduits. Un seul essai clinique, c'est un bon début, mais ce n'est pas suffisant : les résultats peuvent être simplement dus au hasard.

Elle le fixa, pensive, avant de lancer sur un ton presque moqueur :

— Mais tout ça, c'est bien beau pour toi. Mais la plupart des gens n'ont pas cette information et font confiance aux grandes marques.

— Ça a du sens. Les grandes marques investissent souvent dans la recherche et le développement, ce qui peut être une assurance de qualité. Mais attention, certaines petites entreprises peuvent aussi avoir de bons produits. La clé, c'est toujours de revenir à la souche : son nom exact. Par exemple, *Bifidobacterium digestius* souche 12345. Ensuite, tu tapes ça sur Google. Ou même mieux, sur le site PubMed que tu utilises tous les jours pour tes recherches scientifiques. Tu peux aussi l'utiliser pour choisir tes probiotiques.

Mary secoua la tête, un sourire amusé sur les lèvres.

— Attends, Rafael. Tout le monde ne va pas sur PubMed. Et beaucoup de gens seraient incapables de comprendre une seule ligne de ce qu'ils y trouveraient. Imagine que tu as ma mère devant toi. Tu lui dirais quoi, à elle ?

Rafael leva un sourcil, feignant de réfléchir sérieusement. Puis, avec un sourire espiègle, il répondit :

— Ta mère, hein ? Très bien, je commencerais par lui dire qu'elle a fait un excellent boulot en élevant une fille aussi charmante et brillante que toi.

Mary éclata de rire.

— Flatteur ! Ma mère te trouverait sans doute très bien aussi… Mais elle te poserait quand même un tas de questions sur les probiotiques. Elle adore tester tout ce qu'elle voit en pharmacie.

— Si ta mère est « connectée », je lui dirais d'utiliser des outils d'intelligence artificielle comme ChatGPT, Copilot, ou même des sites plus spécialisés dans la science, comme Elicit ou Consensus. Ces outils sont incroyablement pratiques pour explorer rapidement ce genre de questions.

Mary éclata de rire.

— Tu fais complètement fausse route. Ma mère est à peine sur Facebook. Trouve autre chose.

Rafael sourit, amusé.

— Eh bien, plus classique alors. Elle pourrait contacter le service consommateur de la marque et leur demander directement des informations. Ou, tout simplement, elle teste le produit sur elle. Si elle sent un bénéfice, c'est déjà une bonne chose, non ?

Mary le fixa, l'air faussement impressionné.

— Voilà, professeur Martins. Tu es officiellement prêt à rencontrer ma mère.

Rafael rit doucement, un éclat de malice dans le regard.

— La prochaine fois que ta mère ou toi envisagez d'acheter un probiotique, appelez-moi. Je serai ravi de vous conseiller.

Mary leva son verre.

— Avec plaisir.

Rafael ajouta en levant son propre verre :

— Mais attention, mes conseils ne sont pas gratuits. Je facture en dîners comme celui-ci.

— Ça marche, répondit Mary avec un sourire. Mais à une condition : que tu continues à partager tes précieuses leçons de science, professeur !

Ils échangèrent un sourire complice, et Rafael se surprit à penser que, malgré les circonstances, ce dîner était peut-être ce dont il avait besoin : un instant de simplicité, une pause dans la course effrénée de leurs vies.

Le temps passa plus vite qu'ils ne l'auraient imaginé. Avant qu'ils ne s'en rendent compte, l'horloge affichait minuit.

— Il est tard, dit Rafael en consultant sa montre. On devrait peut-être aller se coucher, non ?

Mary acquiesça silencieusement, un sourire encore accroché à ses lèvres. Ensemble, ils se levèrent de table et se dirigèrent vers l'ascenseur. Leurs rires, alimentés par le vin blanc qu'ils avaient bu, résonnèrent dans le hall de l'hôtel.

Dans l'ascenseur, un silence complice s'installa. Pas gênant, mais chargé de cette tension subtile que ni l'un ni l'autre ne semblait vouloir briser.

En sortant de l'ascenseur, leurs pas résonnèrent doucement dans le couloir désert, créant une étrange mélodie dans ce silence nocturne. Arrivés devant la chambre, Rafael poussa la porte, laissant Mary entrer la première. L'atmosphère changea aussitôt lorsqu'ils pénétrèrent à l'intérieur. La lumière tamisée diffusait une douce chaleur, contrastant avec la fraîcheur impersonnelle du couloir.

Mary se tourna vers Rafael, un sourire discret aux lèvres, mais son regard révélait une hésitation, un mélange de nervosité et de quelque chose de plus indéfinissable.

— Merci, Rafael, dit-elle doucement.

Il leva les yeux vers elle, surpris par la sincérité dans sa voix.

— Merci, pour quoi ?

— Pour cette soirée. Ça fait des années que je ne me suis pas sentie aussi… bien.

Rafael resta un instant immobile, absorbant ses mots. Il sentit son cœur battre plus fort, comme s'il réalisait soudainement que ce moment avait une importance qu'il n'avait pas mesurée.

— Moi aussi, murmura-t-il finalement. Merci, Mary.

Mary fit un pas en avant, réduisant la distance entre eux. Rafael sentit son cœur s'accélérer, un rythme incontrôlable qui semblait résonner dans tout son être. Ses pensées, d'habitude si claires et ordonnées, s'embrouillaient dans un tourbillon confus. Il y avait quelque chose d'irrépressible dans ce moment, une force invisible qui les attirait l'un vers l'autre, un mélange de proximité inattendue et d'un désir qu'il n'avait pas ressenti depuis des années.

Mary se rapprocha encore, doucement, sans précipitation, comme si elle voulait prolonger cet instant suspendu hors du temps. Leurs visages étaient si proches que Rafael pouvait sentir le parfum délicat que Mary portait. Ce parfum qui lui rappelait Clara. Il hésita un instant, cette pensée traversant son esprit comme un éclair. Mais il n'y avait pas de retour en arrière possible. Tout en lui le poussait à vivre ce moment, à se laisser emporter.

Rafael, presque malgré lui, se pencha lentement vers elle. Une hésitation passa dans le regard de Mary, comme une lumière vacillante, mais elle ne recula pas. Au contraire, après une fraction de seconde qui sembla durer une éternité, elle posa doucement ses lèvres sur celles de Rafael. C'était un baiser doux, chargé d'une intensité qu'aucun des deux n'avait anticipée. Mary glissa ses mains autour de Rafael, l'attirant davantage contre elle. Leurs corps se touchèrent. Rafael répondit à cette étreinte en posant une main délicate sur la taille de Mary, puis une autre dans le creux de son dos.

Le baiser s'approfondit, gagnant en intensité, mais il restait empreint de cette douceur fragile. Quand leurs lèvres se séparèrent, ils restèrent immobiles un instant, leurs visages à peine éloignés, leurs souffles mêlés. Mary plongea son regard dans celui de Rafael.

— Je… murmura-t-elle, avant de s'interrompre, incapable de finir sa phrase.

Rafael, encore sous le choc de ce qu'ils venaient de partager, esquissa un sourire presque imperceptible, ses doigts toujours posés sur ses hanches.

— Mary… Je ne sais pas quoi dire.

— Tu n'as pas besoin de dire quoi que ce soit.

Puis soudainement, une légère vibration provenant de la poche de Rafael les interrompit.

Mary recula légèrement.

— Rafael, je sens ton… téléphone, murmura-t-elle avec un sourire aux lèvres.

Rafael fronça les sourcils, sortant lentement son téléphone de sa poche.

— Mon téléphone… soupira-t-il, encore un peu troublé.

Il hésita un instant, l'esprit tiraillé entre le moment qu'il venait de vivre et le nom qui s'affichait sur l'écran : Tom. Avec un soupir résigné, il décrocha, tandis que Mary écoutait en silence, sans pouvoir entendre l'autre côté de la conversation.

— Allô, Tom. Euh… comment vas-tu ? Tu es chez toi ? demanda Rafael, encore troublé par le baiser qu'il venait d'échanger avec Mary quelques instants plus tôt.

—…

— Non, non, tout va bien, rien de bizarre, balbutia Rafael en lançant un regard rapide à Mary. Et toi, Tom ? Tout va bien ? …

—....

— Merci, Tom. Je suis heureux de savoir qu'elle va mieux. De mon côté… sache que Mary et moi sommes à l'hôtel ce soir. L'inspecteur nous a conseillé de dormir ensemble.

—…

— Enfin, je veux dire, pas ensemble, ensemble… Mais au même endroit, pour veiller l'un sur l'autre, ajouta Rafael maladroitement.

Conscient de la tournure de sa phrase, il se reprit rapidement :

— Enfin, tu me comprends.

—…

— Bonne nuit, Tom, conclut Rafael avant de raccrocher et de se tourner vers Mary.

— C'était Tom. Olga est sortie de l'hôpital. Elle va mieux. Elle dort chez lui ce soir pour qu'il puisse veiller sur elle.

— C'est une bonne nouvelle.

Rafael regarda Mary, un peu embarrassé, et tentant de trouver les mots justes pour dissiper l'inconfort.

— L'alcool, dit Mary en brisant le silence. On mettra ça sur le compte de l'alcool.

— Oui, l'alcool… ou peut-être notre microbiote, répondit Rafael, cherchant à alléger l'atmosphère.

— Comment ça ? répondit Mary intriguée.

— Tu te souviens de cette étude de 2010 sur les mouches ? Elles étaient attirées les unes par les autres lorsqu'elles avaient mangé le même repas. Mais cet effet disparaissait lorsqu'elles recevaient des antibiotiques, ce qui montrait clairement que le microbiote jouait un rôle. Et comme nous avons mangé la même chose ce soir…

— Élémentaire, mon cher Watson. La faute à notre microbiote !

Ils éclatèrent de rire. Cependant, derrière les éclats de rire, ils ressentaient tous deux cette gêne diffuse. Ils échangèrent un dernier regard, mélange d'embarras et de fatigue.

— Je vais me coucher, dit Mary. Cette journée a été forte en émotions.

Elle attrapa son pyjama et disparut dans la salle de bain, laissant Rafael seul avec ses pensées. Quelques minutes plus tard, elle revint, vêtue d'un simple haut confortable et d'un pantalon de pyjama. Rafael se changea à son tour dans la salle de bain, optant pour un t-shirt et un bas de jogging. Lorsqu'il revint, Mary était déjà allongée, le dos tourné, les couvertures remontées jusqu'à ses épaules.

Rafael se glissa dans son lit et éteignit sa lampe de chevet, plongeant la chambre dans l'obscurité. La lumière éteinte, un silence lourd envahit la pièce, amplifié par le bourdonnement lointain de la ville qui semblait s'éteindre elle aussi. Rafael fixait le plafond invisible, écoutant la respiration régulière de Mary. Elle semblait déjà endormie, mais lui, incapable de trouver le sommeil, était encore hanté par les événements de la soirée… et par ce qu'ils n'avaient pas osé faire.

La culpabilité le saisit soudain, comme un poids écrasant sa poitrine. Clara. Il pensa à elle, à son visage, à leur histoire. À ces quinze années qu'ils avaient traversées ensemble. Clara est la femme de ma vie, se répéta-t-il, comme pour se convaincre, mais le doute s'insinuait malgré lui. Pouvait-on vraiment passer sa vie entière avec une seule et même personne ? Il se sentait à la fois coupable et perplexe. Ce baiser… Était-ce une simple erreur, un geste impulsif né de la tension et de l'alcool ? Ou bien cela révélait-il quelque chose de plus profond, de plus enfoui en lui qu'il ne voulait admettre ?

Rafael ferma les yeux, tentant de mettre de l'ordre dans ses pensées. Peut-être que ce n'était rien d'autre qu'un « baiser Instagram », pensa-t-il ironiquement. Un instant volé, léger et éphémère, sans conséquence. Un geste qu'on oublie aussi vite qu'on l'a fait. Il se tourna sur le côté, tentant de fuir ces pensées qui tournaient en boucle dans sa tête. Mais l'odeur subtile du parfum de Mary flottait encore dans l'air, réveillant le souvenir de ce baiser et celui de Clara… Il serra les poings sous les draps, tentant de chasser ces pensées contradictoires.

Incapable de trouver le sommeil, il se retourna une énième fois dans son lit. Naturellement, les souvenirs de la journée refirent surface : Thémis, Reiko, son implication dans la mort d'Andrew… Comment en étaient-ils arrivés là ? Machinalement, il tendit la main et attrapa son téléphone posé sur la table de chevet. Il déverrouilla l'écran, et la lumière froide illumina faiblement la pièce, projetant des ombres tremblantes sur les murs.

Il ouvrit la galerie de photos et sélectionna celle que Mary lui avait envoyée quelques heures plus tôt : la photo de la soirée de célébration d'Andrew. Il fixa l'écran, parcourant lentement les visages figés dans cet instant de joie. Andrew, au centre, rayonnant. Autour de lui, des collègues, des amis, leurs rires et sourires immortalisés. Mais Rafael savait maintenant que cette légèreté était éphémère. Andrew portait déjà le poids d'un secret qui allait lui coûter la vie.

Puis, un détail attira son attention. Une femme en arrière-plan. Elle était à moitié dissimulée par un autre invité, mais son visage était visible, juste assez pour le troubler. Il plissa les yeux et zooma sur elle, grossissant l'image jusqu'à ce que les pixels s'éparpillent.

Elle était brune, avec des lunettes. Elle portait un

badge autour du cou, mais les lettres étaient floues, presque illisibles. Rafael resserra le zoom, déchiffrant lentement le nom inscrit sur le badge.

Tatsiana Metchnikova

Son cœur s'emballa soudain. Ce visage… il le connaissait. Il fronça les sourcils, cherchant désespérément à assembler les pièces dans son esprit.

Puis, comme un coup de tonnerre, la vérité le frappa.

— Olga… murmura-t-il, abasourdi, le souffle court.

Il se redressa dans son lit, son téléphone toujours serré entre ses doigts tremblants. Olga. Tatsiana. Ce n'était pas possible. Que faisait Olga à cette soirée ? Pourquoi portait-elle un autre nom ? Pourquoi était-elle brune ? Une autre question, encore plus troublante, surgit dans son esprit : pourquoi n'a-t-elle jamais mentionné le fait qu'elle connaissait Andrew ? Qu'elle était présente à cette soirée ?

Le cœur battant, Rafael sentit son esprit vaciller sous le poids de ces révélations.

Il fixa l'écran, cherchant désespérément une réponse dans ce visage figé sur la photo. Mais tout ce qu'il trouva, c'était un autre morceau d'un puzzle dont les contours lui échappaient encore.

Un frisson parcourut son échine. Olga… Qui était-elle vraiment ?

Et, peut-être plus important encore : qu'est-ce qu'elle leur cachait ?

Rafael, encore secoué par sa découverte, resta immobile quelques instants, fixant l'écran lumineux de son téléphone. La révélation qu'il venait d'avoir tourbillonnait dans son esprit, soulevant mille questions. Finalement, il se leva doucement et alluma la lampe de chevet. La lumière dorée illumina la chambre, baignant Mary dans une lueur douce. Elle dormait paisiblement, sa respiration régulière contrastant avec l'agitation intérieure de Rafael.

Il hésita. Il était près de 3 h du matin. Devait-il vraiment la réveiller ? Mais il n'avait pas le choix. Cette découverte changeait tout.

— Mary… Réveille-toi, murmura-t-il doucement, une main effleurant son épaule.

Mary grogna légèrement, enfouissant son visage dans l'oreiller.

— Mmm… Quoi ? murmura-t-elle d'une voix ensommeillée, à peine audible.

Rafael insista, cette fois plus fermement.

— Mary, réveille-toi. C'est important.

Elle se tourna finalement vers Rafael en ouvrant enfin les yeux, son regard encore brouillé par le sommeil. En voyant l'expression de Rafael, grave et tendue, elle se redressa sur ses coudes, intriguée.

— Qu'est-ce qui se passe ? Il y a un problème ?

Rafael s'assit sur le bord du lit, prenant une profonde inspiration avant de parler.

— Mary, j'ai découvert quelque chose… quelque chose de gros, dit-il d'une voix grave. Olga… Elle était à la soirée de célébration d'Andrew. Elle portait un badge avec un autre nom : Tatsiana Metchnikova. Olga… c'est Tatsiana !

Mary cligna des yeux, l'information peinant à se frayer un chemin dans son esprit encore embrumé.

—Qu'est-ce que tu racontes ?

— Regarde la photo que tu m'as envoyée plus tôt, celle de la soirée.

Rafael tendit son téléphone à Mary, zoomant sur une silhouette dans l'image.

— Là, cette femme brune. Imagine-la en blonde et sans lunettes. Qui vois-tu ?

Mary examina la photo avec attention, son regard s'élargissant d'un coup.

— Oh mon dieu ! Mais oui, c'est elle ! C'est Olga, cria-t-elle, stupéfaite. Mais qu'est-ce que cela signifie ?

Rafael continua les explications.

— Et ce n'est pas tout. Elle portait un badge avec un autre nom. Tatsiana Metchnikova

Mary se figea, les sourcils légèrement froncés, luttant pour comprendre.

— Tatsiana… Olga…Mais qui est-elle ? Si elle nous a menti sur son nom et sur sa présence à la soirée d'Andrew, elle nous cache sûrement d'autres choses.

Mary resta silencieuse un instant, réfléchissant.

— Tu crois qu'elle aurait un lien avec la mort d'Andrew ? demanda-t-elle finalement, son ton plus bas, comme si elle redoutait la réponse.

— Je ne sais pas… Mais ce n'est pas une coïncidence. Il y a quelque chose qu'elle ne nous dit pas, murmura Rafael.

Soudain, une scène lui revint en mémoire, comme une photographie oubliée brusquement retrouvée. Celle de la discussion en japonais entre Reiko et Olga.

— L'autre jour, chez Themis… J'ai entendu Reiko et Olga parler en japonais, dit-il après un moment de silence, comme s'il rassemblait les pièces d'un puzzle. Elles étaient seules dans une salle de réunion. Ça m'a semblé bizarre sur le moment, mais je n'y ai pas prêté attention. Mais maintenant, tout ça me paraît louche.

Mary fronça légèrement les sourcils, intriguée.

— Tu penses qu'Olga et Reiko se connaissaient ? demanda-t-elle.

Le silence s'installa un instant. Rafael la regarda, cherchant désespérément un fil conducteur.

— Si elles étaient complices, murmura-t-il, alors tout ça… La mort d'Andrew, les données falsifiées, le plasmide… ça pourrait être lié. Mais pourquoi ?

— Peut-être qu'elles travaillaient ensemble… ou

qu'elles se couvraient mutuellement, hasarda Mary.

Rafael acquiesça lentement, comme si l'idée prenait forme dans son esprit.

— Quoi qu'il en soit, une chose est sûre : Olga n'est pas celle qu'elle prétend être, dit-il. Et il faut qu'on sache pourquoi. On doit prévenir Tom. Il faut qu'il sache, il est peut-être en danger.

Mary acquiesça en silence. Elle observa Rafael prendre son téléphone et parcourir rapidement sa liste de contacts avant de sélectionner le numéro de Tom. La sonnerie semblait durer une éternité avant qu'une voix groggy ne réponde.

— Allô ? dit Tom, la voix rauque et pleine de fatigue.

— Tom, c'est Rafael. Tu es toujours avec Olga ? demanda-t-il d'un ton pressant.

— Oui... elle dort dans la chambre d'amis. Qu'est-ce qui se passe ? répondit Tom, soudain plus alerte.

Rafael inspira profondément avant de lâcher :

— Tom, il y a quelque chose de bizarre. Olga était à la soirée de célébration d'Andrew. Elle était là, ce soir-là, et elle portait un badge avec un autre nom : Tatsiana Metchnikova. Tu étais au courant ?

Un silence stupéfait s'installa avant que Tom ne réponde, incrédule :

— Quoi ? C'est quoi cette histoire ? Elle connaissait Andrew ? Elle ne m'a jamais rien dit. Pourquoi aurait-elle caché ça ?

— Tom, fais attention. On ne peut plus faire confiance à personne. Où est-elle en ce moment ? demanda Rafael, la tension palpable dans sa voix.

Soudain, un bruit sourd résonna au téléphone, suivi de la voix agitée de Tom.

— Oh ! Désolé, j'ai laissé tomber mon téléphone... Je me suis pris les pieds dans le tapis, répondit-il, un peu essoufflé.

Rafael ferma les yeux un instant, le cœur battant à tout rompre.

— Tom, il faudrait peut-être appeler l'inspecteur Callahan, au cas où.

Tom hésita avant de répondre.

— Non, pas besoin d'appeler Callahan pour l'instant. Je suis sûr qu'il y a une explication à tout ça. Venez, on en discutera ici. Mais faites vite.

Rafael raccrocha et se tourna vers Mary, son visage tendu.

— Il faut y aller.

— J'appelle un taxi, dit-elle. Brookline n'est pas loin, mais il faut qu'on se dépêche.

Ils s'habillèrent rapidement et descendirent dans le hall de l'hôtel, leurs pas résonnant dans le silence de la nuit. L'air froid à l'extérieur sembla intensifier l'atmosphère déjà tendue. Mary vérifia son téléphone.

— La voiture sera là dans deux minutes, dit-elle.

Ils attendirent en silence sous les lampadaires, les mains glissées dans leurs poches pour se protéger de la fraîcheur. Quand le taxi noir arriva enfin, ils montèrent rapidement à l'arrière, échangeant un regard nerveux.

La voiture s'éloigna dans les rues désertes. À l'intérieur, un silence pesant s'installa, seulement rompu par le ronronnement du moteur. Rafael fixait le paysage urbain qui défilait par la fenêtre, mais son esprit était ailleurs. Olga, Tatsiana, Andrew…

Puis, son esprit dériva un instant sur ce qui s'était passé plus tôt dans la soirée. Ce baiser avec Mary. Un moment d'égarement, mais aussi un instant de clarté. Il comprenait maintenant, dans cette voiture où tout semblait suspendu, que c'était Clara qu'il aimait toujours. Ce qu'il avait ressenti avec Mary n'était qu'une échappatoire fugace, un moyen de combler un vide. Mais son cœur appartenait encore à Clara, malgré tout ce qu'ils traversaient.

Mary, de son côté, regardait fixement par la fenêtre les lumières floues de la ville sans qu'elle ne s'y attarde vraiment. Elle était consciente de la tension dans l'air, de cet inconfort subtil qui s'était installé entre eux depuis qu'ils avaient quitté l'hôtel. Pourtant, elle n'avait pas de regrets. Ce baiser n'était pas une erreur ou un simple malentendu : c'était un moment de vulnérabilité partagée, une tentative désespérée de trouver du réconfort au milieu du chaos. Une parenthèse fugace dans une journée marquée par l'incertitude et le danger.

Mais Mary savait aussi que cet instant appartenait déjà au passé. Leur mission était bien plus importante que leurs émotions personnelles. Ils avaient des priorités claires, et il était temps de les remettre au centre.

Rafael attrapa son téléphone, les mains légèrement tremblantes. Poussé par une intuition dérangeante, il tapa dans la barre de recherche de Google le nom : *Tatsiana Metchnikova.* L'écran s'illumina de résultats. Des articles, des publications scientifiques et… des faits troublants.

Son regard s'arrêta sur un titre accrocheur datant de quelques années :

« Une chercheuse impliquée dans un scandale de manipulations génétiques au Japon : Tatsiana Metchnikova au cœur de la controverse ».

Il cliqua, le souffle suspendu. Les premières lignes suffirent à lui glacer le sang. Elle avait été arrêtée après qu'une enquête ait révélé qu'elle menait des expériences illégales sur des bactéries du microbiote intestinal, tentant de modifier génétiquement des plasmides pour des applications non autorisées. L'article parlait de tests clandestins et de tentatives d'introduction de ces plasmides modifiés dans des écosystèmes humains. Rafael sentit son estomac se nouer.

— Mon Dieu… Tout ça dépasse tout ce que je

pouvais imaginer, murmura-t-il.

La voiture tourna dans une rue bordée d'arbres, leurs branches formant une voûte sombre et légèrement inquiétante sous la lumière pâle des lampadaires. La maison de Tom apparut au loin, baignée dans la lumière tamisée de son porche.

— On arrive, murmura-t-il, brisant le silence pesant. Prête ? ajouta-t-il, se tournant vers Mary.

— Allons-y, dit-elle simplement, ses yeux fixant la maison.

Le taxi s'arrêta doucement devant l'allée et ils descendirent lentement, chacun traînant une nervosité qu'ils s'efforçaient de masquer. Le claquement des portières résonna dans la nuit, brisant momentanément le silence oppressant du quartier endormi.

CHAPITRE 10

Un peu plus tôt dans la soirée

Après qu'Olga soit sortie de l'hôpital, Tom avait insisté pour qu'elle passe la nuit chez lui. Il ne se sentait pas à l'aise à l'idée qu'elle retourne seule dans son petit appartement, surtout dans son état encore fragile. Elle souffrait toujours d'une contusion cérébrale, conséquence de la chute violente provoquée par le coup de pied de Reiko. Ce genre de blessure, bien que classée comme bénigne par les médecins, nécessitait une surveillance attentive. Tom, conscient des risques, s'était dit qu'il était hors de question de la laisser seule.

Olga, quant à elle, avait accepté son offre sans hésitation, mais pour des raisons bien différentes. Son objectif était désormais de rester proche de Tom, Mary et Rafael, afin de surveiller leurs mouvements et d'anticiper leurs prochaines actions. Surtout, elle devait vérifier que Reiko ne viendrait pas leur révéler ce qu'elle savait. Elle devait jongler entre son rôle de collègue amicale et les ordres qu'elle attendait désormais du Japon.

Tom vivait dans une grande maison à Brookline, une

ville résidentielle voisine de Boston. Ce quartier était particulièrement apprécié des chercheurs, médecins et professeurs des grandes institutions médicales et universitaires de la région. Renommée pour ses écoles publiques d'excellence et ses rues bordées d'arbres, Brookline offrait un cadre paisible et intellectuellement stimulant. Tom s'y était installé avec sa femme quelques années auparavant dans l'espoir d'y élever une grande famille nombreuse. Mais la vie en décida autrement. Sa femme et lui se séparèrent. Il avait gardé la maison, qui était devenue bien trop grande pour lui seul.

Dans la cuisine spacieuse, conçue pour accueillir de grandes tablées, Tom et Olga s'assirent autour d'une table en bois poli. Les fours imposants et les plans de travail immaculés trahissaient l'absence de grands repas familiaux, sauf peut-être lors de Thanksgiving. Ce soir, Tom avait opté pour la simplicité et avait commandé un dîner japonais.

Sur la table étaient disposés des contenants en carton remplis de sushis, de soupe miso et de petites salades colorées. Tom versa du thé au jasmin fumant dans deux tasses en céramique, avant de prendre place face à Olga.

— J'espère que ça te convient, dit-il avec un sourire. J'ai pris des makis, des sushis et un peu de soupe. Tu aimes le japonais ?

— J'adore le japonais ! C'est parfait. Merci, Tom, répondit Olga avec un sourire sincère. Tu sais, j'ai une affection particulière pour le Japon.

Tom leva un sourcil, intrigué.

— Je ne savais pas. En fait, je me rends compte que je ne te connais que très peu. Tu es assez discrète sur ta vie ! lança-t-il en souriant.

— C'est dans la culture russe. On ne partage pas facilement sa vie personnelle dans un cadre professionnel.

— Tu pourrais avoir une double vie, vivre dans un harem, ou être une femme à chats isolée, et je n'en saurais rien ! plaisanta-t-il.

— Ou peut-être espionne… ou tueuse à gages ? rétorqua Olga avant d'éclater de rire elle aussi.

Puis, Olga posa ses baguettes et se pencha légèrement en avant, comme pour se confier.

— J'ai passé cinq ans au Japon avant de venir aux États-Unis. J'ai travaillé comme ingénieure de recherche à l'université de Tokyo. C'était une expérience unique. Les Japonais ont une approche extrêmement rigoureuse et méthodique de la science. J'ai énormément appris là-bas.

— Wow ! Ça a dû être génial. Sur quoi travaillais-tu ? demanda Tom, sincèrement intéressé.

— Sur les plasmides bactériens. Plus précisément, je cherchais à comprendre leur stabilité et leur réplication dans des bactéries isolées du microbiote intestinal.

— J'ai entendu parler de ces petits morceaux d'ADN circulaire que les bactéries de l'intestin peuvent échanger entre elles. Mais je n'ai jamais vraiment compris leur importance dans le microbiote intestinal, dit Tom.

— Je t'explique. Comme tu le sais, l'intestin est l'écosystème le plus dense de la planète, avec environ 100 milliards de bactéries par gramme.

— “Avec plus de bactéries dans un gramme d'intestin que d'étoiles dans notre galaxie !” C'est ce que Rafael répète en boucle dans ses conférences, ajouta Tom avec un sourire.

— Exactement, répondit Olga. Et dans cet environnement incroyablement peuplé, les bactéries échangent constamment des plasmides. C'est une véritable bourse génétique.

— Une bourse génétique ? demanda Tom en fronçant les sourcils.

Olga prit une gorgée de thé, savourant la chaleur apaisante du breuvage avant de reprendre.

— Imagine que les bactéries "empruntent" des gènes à leurs voisines, commença-t-elle, ses mains esquissant de petits gestes pour appuyer ses propos. Si ce gène leur offre un avantage — par exemple, une résistance à un antibiotique ou la capacité de digérer une nouvelle source de nutriments — elles le conservent. Mais ce n'est pas automatique, ajouta-t-elle, levant un doigt comme pour souligner un point crucial. Garder un gène a un coût énergétique. Cela signifie qu'il faut non seulement le répliquer à chaque division cellulaire, mais aussi l'exprimer, ce qui mobilise des ressources précieuses.

Tom posa ses baguettes, visiblement captivé.

— Alors, poursuivit-elle, si ce gène ne leur apporte aucun bénéfice immédiat dans leur environnement actuel, elles le rejettent. C'est une sorte de marché dynamique, où chaque gène est évalué en fonction de son utilité. Ce processus est entièrement dicté par les conditions de leur environnement.

Tom plissa les yeux, réfléchissant à une analogie.

— C'est un peu comme si j'héritais d'une voiture, tenta-t-il, cherchant à vulgariser l'idée. Si elle m'est utile, je la garderai. Mais si je ne l'utilise jamais et que je dois payer l'assurance et l'entretien, alors je finirai par la vendre, parce qu'elle me coûte plus qu'elle ne me rapporte.

Un sourire éclaira le visage d'Olga.

— Exactement ! Et dans un écosystème aussi dense que le microbiote intestinal, ces échanges se produisent à une échelle inimaginable.

— C'est fascinant, admit Tom. Mais toi, qu'espérais-tu découvrir à travers ces travaux ?

Olga posa sa tasse de thé, prenant un ton légèrement plus sérieux.

— Je cherchais à comprendre si nous pouvions utiliser ces plasmides pour introduire des gènes spécifiques dans le microbiote intestinal. L'idée était d'exploiter ces mécanismes pour développer des outils thérapeutiques capables de traiter certaines maladies chroniques.

Elle s'arrêta un instant, comme hésitante, avant de poursuivre.

— Mais rapidement, le comité d'éthique de l'université a mis fin à ces travaux. Ils estimaient que cela représentait un risque trop important.

— Quel genre de risque ?

— Ces plasmides peuvent se propager si facilement dans un écosystème qu'il est pratiquement impossible de contrôler leur diffusion. Si un gène potentiellement dangereux se retrouve sur l'un de ces plasmides, cela pourrait avoir des conséquences désastreuses. On ouvrirait littéralement une boîte de Pandore.

Tom se redressa sur sa chaise, l'air grave.

— Je vois… On peut même imaginer, continua-t-il, un groupe de personnes mal intentionnées utilisant ce mécanisme pour répandre des plasmides contenant des gènes nuisibles pour l'homme. Ce serait un véritable cauchemar !

Olga, réalisant qu'elle en avait peut-être trop dit, fit un sourire forcé et tenta de minimiser la situation.

— C'est un scénario de science-fiction, Tom, lança-t-elle d'un ton léger, presque moqueur. Tu regardes trop de films catastrophes.

— Peut-être, mais parfois, la réalité dépasse la fiction, Olga.

Le silence fut soudain interrompu par l'arrivée d'un magnifique chat au pelage long et soyeux. Ses yeux d'un bleu profond captèrent aussitôt l'attention d'Olga, qui sourit largement en le voyant trottiner avec élégance dans la pièce.

— Qu'il est beau ! C'est un chat de chez moi, s'exclama-t-elle en se levant pour le prendre dans ses bras. C'est bien un Sibérien, n'est-ce pas ? Comment s'appelle-t-il ?

— Tu t'y connais en chat ! C'est bien une sibérienne. Elle s'appelle Biggy. On l'a surnommée comme ça parce qu'elle est énorme, ajouta Tom.

Olga observa Biggy avec un mélange d'admiration et d'amusement, caressant son pelage épais et soyeux.

— Décidément, tu es entouré de Russes dans ta vie professionnelle et personnelle, plaisanta-t-elle. Tom éclata de rire.

— Bien vu ! Je suis allergique aux chats, mais les Sibériens sont naturellement hypoallergéniques. Ils produisent très peu de Fel_d1, cette fameuse protéine allergisante. Une bénédiction pour moi. Avec ma femme, nous avions pris un chien et un chat. Lors de notre séparation, elle a gardé le chien et j'ai gardé Biggy, qui me tient compagnie.

Olga, toujours en train de caresser Biggy, leva les yeux vers Tom, légèrement surprise par cette confidence inattendue.

— Ta femme ? Je ne savais pas… dit-elle doucement. Désolée si je remue des souvenirs douloureux.

Tom haussa légèrement les épaules, un sourire mélancolique aux lèvres.

— Oh, ne t'en fais pas, répondit-il. Ça fait déjà quelques années maintenant. Elle est partie pour quelqu'un d'autre. Je suppose que je travaillais trop, que je n'étais pas assez présent. Un grand classique dans les séparations de couple.

Le regard d'Olga se perdit un instant dans les grands yeux bleus de Biggy.

— Un animal peut vraiment combler un vide, offrir

une présence réconfortante, murmura-t-elle. Et puis… elle est tellement adorable. Comment ne pas l'aimer ?

— Et puis, c'est très bon pour mon microbiote intestinal ! lança Tom, tentant d'alléger l'atmosphère.

Olga releva la tête, amusée, un éclat curieux dans les yeux.

— Je suis sûre que tu as une anecdote scientifique pour étayer ça !

Tom marqua une pause, hésitant légèrement avant de continuer.

— Avec ma femme, on voulait des enfants, et on avait lu qu'avoir un animal à la maison pouvait augmenter la diversité du microbiote intestinal des habitants. Les animaux, comme les chiens ou les chats, créent un véritable échange bactérien avec nous. En les caressant ou simplement en vivant à leurs côtés, des transferts microbiens se produisent en permanence.

Il s'interrompit un instant, un éclat malicieux dans les yeux, avant de poursuivre :

— Et puis, n'oublions pas qu'ils passent une bonne partie de leur temps à… nettoyer des zones très intimes avec leur langue, avant de venir joyeusement nous lécher la main ou le visage. Autant dire que ça brasse pas mal de bactéries.

Olga éclata de rire, secouant légèrement la tête tout en caressant Biggy, qui ronronnait paisiblement sur ses genoux.

— Cela me rappelle une conférence de Rob Knight, de l'Université de Californie à San Diego, à laquelle j'avais assisté, dit-elle. Il nous avait présenté des résultats fascinants montrant que les propriétaires de chien avaient une diversité accrue de leur microbiote intestinal. Et comme tu le sais, une bonne diversité, est un indicateur d'un microbiote en bonne santé.

— Et pas seulement une bonne santé du microbiote,

une bonne santé tout court. Il semble aussi que cela joue un rôle dans la prévention des maladies liées au système immunitaire. As-tu entendu parler de la théorie de l'hygiène ?

— Tom, je te rappelle que je suis microbiologiste, pas immunologiste comme toi, répondit Olga d'un air moqueur.

— Personne n'est parfait, lança-t-il avec un clin d'œil. La théorie de l'hygiène a été formulée pour la première fois en 1989 par un chercheur britannique, David Strachan. Il a observé que les enfants ayant plus de frères et sœurs avaient moins de risques de développer des maladies liées à un dérèglement du système immunitaire, comme l'asthme ou l'eczéma. En gros, il a émis l'hypothèse que l'exposition précoce à une grande diversité de germes pouvait jouer un rôle protecteur en modulant notre système immunitaire, expliqua Tom, son ton devenant plus sérieux.

— Je ne connaissais pas ces travaux, répondit Olga. Peut-être parce que je n'ai pas d'enfants moi-même, je ne m'y suis jamais vraiment intéressée. Cela signifie donc que l'exposition à des microbes est essentielle au bon fonctionnement de notre système immunitaire ?

— Oui, c'est exact. Notre système immunitaire a évolué pendant des millions d'années dans un environnement où il était constamment exposé à une grande diversité microbienne : des parasites, des bactéries, et même des pathogènes. Cette exposition régulière le maintenait « occupé » et équilibré. Mais aujourd'hui, dans nos environnements modernes — avec l'utilisation abusive des antibiotiques, des pratiques d'hygiène rigoureuses et des logements hermétiques — ces stimulations microbiennes sont devenues bien moins fréquentes. Résultat ? Le système immunitaire, en l'absence de cibles réelles, « s'ennuie », pour ainsi dire. Il commence à réagir de manière excessive à des substances normalement inoffensives, comme des allergènes alimentaires ou environnementaux. Cette hypothèse, souvent appelée théorie de l'hygiène, est l'une des principales explications avancées pour l'augmentation des allergies et des maladies auto-immunes dans les sociétés industrialisées.

— Alors, en quelque sorte, notre propre progrès technologique pourrait être responsable de ces déséquilibres… C'est fascinant. Et un peu effrayant.

— Oui, mais ça montre aussi l'importance de rétablir un équilibre avec notre environnement. Peut-être qu'une partie de la solution réside dans ce que nous avons laissé derrière nous. Nos animaux de compagnie pourraient bien jouer un rôle plus important qu'on ne le pense.

Un moment de douceur s'installa dans la cuisine, une pause bienvenue dans le flot des discussions scientifiques et des préoccupations plus graves. Biggy, avec son calme naturel, semblait capable de dissiper les tensions et de ramener l'attention sur des choses simples.

— Alors, Biggy, murmura Olga en regardant la chatte avec tendresse. Si tu pouvais parler, je suis sûre que tu aurais plein de secrets à nous raconter sur ton maître.

— Crois-moi, elle est déjà bien trop expressive avec ses regards accusateurs quand je rentre tard ou oublie de remplir sa gamelle. C'est elle, la vraie patronne ici, avoua Tom, ce qui fit éclater de rire Olga.

Olga et Tom dînèrent tranquillement. Malgré elle, Olga ne put s'empêcher de savourer cette parenthèse de normalité. Pourtant, elle savait au fond d'elle que ce moment d'intimité avec Tom rendrait la suite des événements plus difficile.

Olga prit congé, en prétextant l'heure tardive.

— Merci, Tom, dit-elle d'une voix douce. Je ne sais pas ce que j'aurais fait sans toi.

— Ne t'inquiète pas, répondit Tom avec bienveillance, son regard empreint de chaleur. Repose-toi autant que tu peux. Tu es en sécurité ici.

Après le dîner, Olga se retira dans la chambre d'amis. C'était une pièce simple mais accueillante, avec un lit douillet et une fenêtre offrant une vue apaisante sur le jardin plongé dans le silence nocturne. Tom s'assura qu'elle avait tout ce dont elle avait besoin avant de la laisser.

Olga referma la porte derrière elle, son sourire s'effaçant instantanément. Elle s'assit sur le bord du lit, fixant un point invisible devant elle. La douceur de l'accueil de Tom la troublait. Elle secoua la tête, reprenant son masque d'impassibilité. Elle ne pouvait pas se permettre de flancher.

Tom se dirigea vers sa chambre, éteignant les lumières une à une. Minuit était déjà passé, et la fatigue pesait lourdement sur ses épaules. Pourtant, avant de se coucher, il décida d'appeler Rafael pour lui donner des nouvelles d'Olga et, en même temps, prendre des siennes.

Il s'assit sur le bord de son lit, attrapant son téléphone sur la table de chevet. Le numéro de Rafael s'afficha à l'écran, et il appuya sur l'icône d'appel. La sonnerie retentit, longue et insistante, chaque vibration semblant s'étirer dans l'atmosphère feutrée de la maison. Une fois. Deux fois. Trois fois. Enfin, une voix se fit entendre à l'autre bout.

— Allô, Rafael ?

— Allô, Tom. Euh… comment vas-tu ? Tu es chez toi ? demanda Rafael, encore troublé par le baiser qu'il venait d'échanger avec Mary quelques instants plus tôt.

— Tu vas bien, Rafael ? Je te sens… bizarre. Je te dérange ? répondit Tom, intrigué.

— Non, non, tout va bien, rien de bizarre, balbutia

Rafael. Et toi, Tom ? Tout va bien ?

— Oui, tout va bien, rassura Tom. Je voulais te donner des nouvelles d'Olga. Elle est sortie de l'hôpital plus tôt ce soir. Elle se repose ici. Je l'ai invitée à passer la nuit chez moi pour pouvoir veiller sur elle.

— Merci, Tom. Je suis heureux de savoir qu'elle va mieux. De mon côté… sache que Mary et moi sommes à l'hôtel ce soir. L'inspecteur nous a conseillé de dormir ensemble.

Rafael marqua une pause.

— Enfin, je veux dire, pas ensemble, ensemble… Mais au même endroit pour veiller l'un sur l'autre.

Tom éclata d'un rire léger, apaisant l'atmosphère.

— Enfin, tu me comprends, ajouta Rafael.

— Pas de souci, Rafael. Ça me rassure aussi de savoir que Mary est près de toi. Prenez soin de vous. On se parle demain.

— Bonne nuit, Tom, conclut Rafael avant de raccrocher.

Tom posa son téléphone sur la table de chevet. Il se laissa tomber sur son lit, épuisé par l'intensité de tout ce qu'il avait traversé. En quelques instants, le poids des pensées s'apaisa et le silence de la maison l'enveloppa tandis qu'il s'enfonçait lentement dans le sommeil.

Dans la pénombre de sa chambre, Olga envoya un SMS, ses doigts tapant sur l'écran avec précision : « Appelez-moi. Pour rapport. »

Elle posa le téléphone sur la table de chevet, son regard fixé sur l'obscurité comme si elle y cherchait une réponse. Dormir était inutile ; elle le savait. Elle attendait le coup de fil. Chaque minute qui s'écoulait renforçait sa détermination.

Enfin, un peu avant 3 heures du matin, le téléphone vibra doucement. Elle attrapa l'appareil sans hésiter, son cœur battant avec une intensité contrôlée. L'écran affichait un numéro inconnu avec un indicatif japonais. C'était lui. Le Sensei.

Prenant une inspiration rapide, elle décrocha. Sa voix, basse et mesurée, dissimulait la tension qui l'habitait.

— *Moshi moshi*, *Sensei.*

La voix à l'autre bout était calme.

— Tatsiana. Des nouvelles de Reiko ?

Olga se redressa immédiatement, son corps tendu comme un arc. Ses doigts se crispèrent sur le téléphone, mais son ton resta neutre.

— La mission a échoué, Sensei, répondit-elle, chaque mot choisi avec soin.

Un silence s'installa, un vide oppressant qui semblait durer une éternité. Lorsqu'il parla à nouveau, sa voix était tranchante, empreinte de reproches et de froide résolution.

— C'est inacceptable. Tu dois agir immédiatement. Élimine tous ceux qui sont au courant : Reiko, Mary, Rafael, Tom. Aucun ne doit survivre. C'est ta mission. Accomplis-la.

— Très bien, Sensei.

Olga raccrocha, ses traits se durcissant. Elle posa le téléphone sur la table de chevet, son esprit déjà en action. Les ordres étaient clairs. Il n'y avait aucune place pour l'hésitation.

Elle ouvrit son sac posé à côté du lit et en sortit un petit pistolet noir équipé d'un silencieux. L'arme était froide entre ses doigts. Elle vérifia le chargeur avec la précision d'un mécanisme bien rodé.

Olga se leva, son visage fermé, une expression de marbre qui trahissait une seule chose : sa détermination à accomplir ce qui devait être fait. Les souvenirs d'Andrew lui revinrent, ils ne provoquèrent ni hésitation ni regret. Elle savait ce que ce rôle exigeait d'elle. Elle savait qu'elle n'avait pas le droit de flancher.

Elle n'était plus simplement Olga. Elle était Tatsiana, l'exécutrice du Sensei. Et elle ne faillirait pas.

Inspirant profondément, elle ouvrit la porte de sa chambre, laissant à peine un murmure s'échapper de ses gonds. Le couloir plongé dans l'obscurité s'étirait devant elle, semblant encore plus long qu'il ne l'était réellement. Ses pas, légers et mesurés, ne faisaient aucun bruit sur le parquet. Son cœur battait fort, mais son esprit était étrangement calme.

Elle atteignit la porte de la chambre de Tom. Là, elle s'arrêta net. Une voix. Tom était au téléphone.

Elle colla son oreille à la porte et entendit Tom.

— Quoi ? C'est quoi cette histoire ? Elle connaissait Andrew ? Elle ne m'a jamais rien dit. Pourquoi aurait-elle caché ça ? disait-il, sa voix teintée d'agitation.

Olga plissa les yeux, son expression se durcissant. Elle comprit immédiatement qu'il parlait à Rafael. La tension monta en elle, un mélange de colère et d'urgence. Elle resserra sa prise sur le pistolet et poussa doucement la porte.

Tom sursauta en la voyant. Pris de panique, il laissa tomber son téléphone, qui rebondit sur le sol avec un bruit sourd.

Olga s'approcha lentement, son arme pointée directement sur lui, et leva un doigt devant ses lèvres pour lui intimer le silence.

— Ramasse ton téléphone, Tom, mets-le sur haut-parleur et continue comme si de rien n'était, ordonna Olga, en chuchotant.

Les mains tremblantes, Tom obéit. Il se baissa pour récupérer l'appareil et alluma le haut-parleur, sous le regard perçant d'Olga :

— Oh ! Désolé, balbutia-t-il maladroitement. J'ai laissé tomber mon téléphone… Je me suis pris les pieds dans le tapis.

— Tom, il faudrait peut-être appeler l'inspecteur Callahan, au cas où, dit Rafaël.

Olga secoua doucement la tête, son regard rivé sur Tom, lui ordonnant silencieusement de refuser.

— Non, répondit Tom d'une voix tendue. Pas besoin d'appeler Callahan pour l'instant. Je suis sûr qu'il y a une explication à tout ça. Venez, on en discutera ici. Mais faites vite.

— D'accord, mais assure-toi de ne pas la réveiller, Tom. Si elle cache quelque chose, elle pourrait être dangereuse.

Tom raccrocha doucement, ses mains toujours tremblantes. Tatsiana baissa légèrement son arme, mais son regard restait glacial, calculateur.

— Maintenant, tu vas faire exactement ce que je te dis, dit-elle d'une voix calme mais déterminée. Descends dans le salon. Nous allons les attendre.

Tom hocha la tête, la gorge nouée par la peur. Il n'avait pas d'autre choix. Olga le suivit de près alors qu'il sortait de la chambre. Son arme toujours braquée sur lui, elle calculait chaque mouvement, son esprit focalisé sur ce qui allait se passer.

Elle savait que les prochaines heures seraient décisives.

CHAPITRE 11

Rafael sentit son estomac se nouer lorsqu'il aperçut une silhouette immobile derrière l'une des fenêtres du rez-de-chaussée de la maison de Tom. La lumière douce projetée de l'intérieur dessinait des contours flous, mais il n'y avait aucun doute : quelqu'un les observait. Toutes les pièces étaient éclairées. Cela n'avait rien d'une maison endormie. Rien de rassurant. Au contraire, cette lumière omniprésente semblait murmurer que quelque chose n'allait pas et indiquait clairement que tous les occupants étaient éveillés… Tous. Une sueur froide coula le long de sa nuque et il échangea un regard rapide avec Mary. Elle avait également remarqué la présence derrière la vitre. Il sortit son téléphone, une idée soudaine lui traversant l'esprit. Il composa rapidement le numéro de Callahan qu'il avait enregistré sur son téléphone. Si quelque chose tournait mal, il fallait que l'inspecteur sache où ils étaient. Le téléphone sonna une fois, puis une deuxième… Mais avant que quelqu'un ne décroche, la porte s'ouvrit lentement.

Tom se tenait là, la mine défaite, le regard fuyant. Son visage affichait une expression d'inquiétude. Rafael glissa son téléphone dans sa poche, laissant l'appel en suspens,

espérant que Callahan puisse entendre ce qui allait se passer.
— Tom, tu vas bien ? demanda Rafael
Tom secoua lentement la tête, son visage pâle sous la lumière du porche.
— Vous arrivez trop tard, malheureusement, murmura-t-il.
Il ouvrit davantage la porte, révélant Tatsiana, qui se tenait là, un pistolet braqué sur eux. Son regard ne laissait aucune place au doute, elle était déterminée.
— Entrez, ordonna-t-elle.
Hésitants, Mary et Rafael pénétrèrent lentement dans la maison. Chaque pas semblait peser une tonne, leurs esprits cherchant désespérément une issue à cette situation.
Tatsiana ferma la porte derrière eux, verrouillant soigneusement le loquet dans un claquement sec qui résonna dans le silence pesant de la maison. Elle se retourna lentement, son regard sombre passant de Rafael à Mary. Rafael sentait une goutte de sueur glisser le long de sa tempe. Le poids du téléphone dans sa poche était une maigre consolation, mais suffisante pour qu'il s'accroche à l'idée que Callahan pourrait intervenir à temps. Il savait que, désormais, sa seule option était de gagner du temps. Il fallait parler, comprendre, et surtout tenir le plus longtemps possible.
— Eh bien, murmura-t-il en s'efforçant de paraître calme, j'imagine qu'on ne va pas simplement discuter de microbiote ce soir, n'est-ce pas ?
Tatsiana, surprise par ce trait d'humour qui tranchait avec la tension ambiante, esquissa un sourire.
— L'humour, Rafael… C'est souvent le dernier refuge des hommes qui sentent le sol se dérober sous leurs pieds, dit-elle en le fixant intensément.
Mary, bien moins détendue, brisa l'échange.

— Qui êtes-vous, Olga ? Ou plutôt, Tatsiana ? Que nous voulez-vous ?
— Je vous rassure, Mary, ce n'est rien de personnel. Je n'ai absolument rien contre vous, répondit Tatsiana d'un ton presque détaché. En revanche, d'autres vous considèrent comme des menaces. Vous vous êtes approchés bien trop près d'une vérité qui dérange. Une vérité qui nous dépasse tous.
Elle fit un pas en avant, ses talons résonnant sur le parquet.
— Mais ne vous inquiétez pas, je ne vais pas vous laisser dans l'ignorance. Nous allons en parler. Mais pas ici. Nous avons besoin de calme. Alors, vous allez faire exactement ce que je dis. On va faire un petit voyage.
— Vous allez nous faire visiter une cave ? Ou le sommet d'un gratte-ciel ? demanda Rafaël avec un ton faussement léger, essayant de garder le contrôle.
Tatsiana ignora la provocation. Elle avait un plan clair. Elle savait où les emmener : un lieu isolé où elle pourrait régler cette affaire sans interférences.
Elle fit un geste vers le garage.
— Bougez. Pas un mot de plus.
Tatsiana les conduisit dans le garage, où le *Suburban* de Tom était garé. L'imposant SUV noir, à l'allure intimidante, ressemblait aux véhicules officiels du FBI. Parfait pour transporter discrètement un petit groupe de prisonniers.
— Montez, ordonna-t-elle, son arme toujours braquée sur eux.
Tom prit place au volant, Rafael s'installa à l'avant et Mary monta à l'arrière, juste à côté de Tatsiana qui garda son arme bien en vue.
— Si l'un de vous essaye quelque chose d'insensé, je tire. D'abord sur Mary, puis sur chacun d'entre vous, lança Tatsiana, son arme solidement tenue. Je n'hésiterai pas.

Comme je n'ai pas hésité avec Andrew. Alors, ne jouez pas au plus malin.
L'évocation du nom d'Andrew résonna dans l'habitacle comme une détonation. Rafael sentit son cœur s'emballer, chaque battement résonnant comme un coup de marteau dans sa poitrine. Mary, elle, pâlit brusquement, ses doigts se refermant avec une tension presque douloureuse sur le bord de son siège, trahissant une peur qu'elle ne pouvait contenir.
Tom lança un regard nerveux à Tatsiana.
— Où allons-nous ? demanda-t-il, essayant de cacher sa panique.
— Surprise. Surprise. Mais rassurez-vous, ce n'est pas loin. Une petite heure de route. Prenez l'Interstate 93 vers le sud.
Le stress monta en flèche chez Rafael. Où Tatsiana comptait-elle les emmener ? Une heure ? C'était long. Très long. Il glissa discrètement une main dans sa poche et sentit son téléphone. Était-il encore connecté ? Callahan écoutait-il à cet instant, quelque part, prêt à intervenir ? Il n'en savait rien. Mais il devait agir comme si c'était le cas. Comme si cette ligne ténue qui le rattachait au monde extérieur existait toujours. Rafael inspira lentement, essayant de calmer les battements frénétiques de son cœur. Son souffle saccadé trahissait son angoisse. Il fallait qu'il gagne du temps, qu'il fasse parler Olga, qu'il détourne son attention. Finalement, il brisa le silence.
— Très bien, Olga… Ou devrais-je dire Tatsiana, reprit-il. Maintenant que nous sommes dans la voiture, pour un petit moment si je comprends, peut-être pourriez-vous nous expliquer ce que nous avons fait de mal ? ajouta-t-il.
Tatsiana savait qu'il fallait les garder concentrés sur ses paroles plutôt que sur une quelconque tentative

d'évasion. Alors, elle commença à parler.
— Vous avez raison, Rafaël, lança-t-elle. Après tout, il faut bien occuper le temps, n'est-ce pas ?
Son regard croisa celui de Tom dans le rétroviseur. Puis elle laissa planer un silence.
— Je suis Tatsiana Metchnikoff-Kontchewsky. Une descendante de Léon Metchnikoff.
— Léon Metchnikoff ? Un lien avec Élie Metchnikoff ? demanda Rafaël.
— Léon était le frère d'Élie, de sept ans son aîné, commença Tatsiana. C'était un homme brillant, tout comme Élie, mais il a toujours vécu dans son ombre. Là où Élie est devenu célèbre pour ses découvertes scientifiques, Léon a suivi un autre chemin. C'était un géographe, passionné de langues étrangères.
Elle marqua une pause. Parler de sa famille, et en particulier de Léon, éveillait en elle une fierté profonde.
— Léon était particulièrement connu pour sa contribution à *La Nouvelle Géographie Universelle*, un ouvrage monumental dirigé par Élisée Reclus au 19e siècle. Imaginez une sorte de Wikipédia de l'époque, mais en version papier. Cet ouvrage encyclopédique cartographiait et décrivait en détail les pays, les cultures et les peuples du monde entier. À une époque où les voyages étaient un luxe, ces pages étaient la fenêtre de beaucoup sur le reste du monde. Léon y contribua en tant qu'expert du Japon, une expertise qu'il a acquise durant les trois années qu'il a passées là-bas, entre 1874 et 1876.
— Trois ans au Japon ? Qu'est-ce qu'il y faisait ? demanda Rafael, faisant mine d'être intéressé.
— Il y enseignait le français et le russe, tout en perfectionnant son japonais. Mais plus que cela, il s'est profondément immergé dans la culture et la société japonaises, établissant des liens avec les intellectuels de l'époque. Cette période, bien que courte, a laissé une

empreinte durable sur les relations entre notre famille et le Japon.

Tatsiana prit une grande inspiration avant de continuer, sa voix prenant une teinte plus posée, presque professorale :

— Vous savez, Rafael, parfois, l'Histoire oublie les détails qui façonnent le monde. Mon grand-oncle, Élie, était un visionnaire. Et son frère, Léon, à sa manière, l'était tout autant... Léon avait cette capacité unique de voir au-delà des frontières, de comprendre le monde avec une perspective qui transcendait les limites de son époque. Il a ramené de ses voyages des journaux de bord, des estampes japonaises, des objets précieux... Tout cela trônait dans notre maison comme des reliques sacrées, comme des témoins d'un autre temps. À côté de ces souvenirs, il y avait les manuscrits et les écrits d'Élie, le brillant prix Nobel. Lui aussi semblait omniprésent, comme une figure tutélaire. Ensemble, ils représentaient un héritage à la fois écrasant et fascinant. Deux hommes dont l'ombre s'étendait sur plusieurs générations de ma famille.

Elle fit une pause, ses yeux brillant d'un mélange de fierté et de nostalgie, comme si elle revivait une époque révolue.

— J'ai perdu mon père très jeune. Ces deux hommes, Léon et Élie, sont devenus mes modèles, mes figures paternelles... Ou du moins, c'est ce que m'a dit mon psy, ajouta-t-elle comme une confidence.

Elle croisa brièvement le regard de Mary, cherchant une étincelle de compréhension.

— Alors, quand l'occasion s'est présentée, j'ai suivi leurs traces. Très tôt, je me suis plongée dans des études de microbiologie, presque comme une évidence. Et quand l'opportunité de travailler à l'université de Tokyo s'est offerte à moi, je n'ai pas hésité une seule seconde. Et

quelle fut ma surprise quand je suis arrivée au Japon. J'ai réalisé que le nom de Metchnikoff y était bien plus connu qu'en Europe. Il est presque vénéré là-bas. Ses travaux sur le microbiote et la longévité ont résonné particulièrement dans une société obsédée par l'idée de perfection, de modernité et plaçant les seniors en grande estime. Au Japon, ils ont su saisir son héritage, bien mieux que nous.
Tatsiana prit une profonde inspiration, savourant l'impact de ses mots.
— Et ce grâce à un homme, Yushirô Senshû, médecin à Tokyo, continua-t-elle. Un homme brillant, lui aussi visionnaire, francophone et anglophone, passionné par les écrits scientifiques européens. En 1908, il est tombé sur les publications d'Élie Metchnikoff…
— Celles dans lesquelles Metchnikoff explique comment les ferments bulgares, présents dans le lait caillé, pourraient retarder les processus du vieillissement en modifiant le microbiote intestinal ? interrompit Rafael.
— Oui, exactement, répondit Tatsiana. Senshû, qui souffrait lui-même de troubles intestinaux causés par son diabète, décida d'essayer ces ferments. Il s'est procuré de la Lactobacilline auprès de la société française Le Ferment, l'un des premiers « probiotiques » mis sur le marché, et a commencé à fabriquer son propre lait fermenté grâce aux ferments isolés de ce produit. Il l'a testé sur lui et en a observé les bienfaits. Convaincu par les résultats, il publia plusieurs articles dans des revues médicales japonaises, vantant l'efficacité des ferments bulgares contre les troubles intestinaux, la tuberculose, et même la dépression nerveuse.
Elle marqua une pause avant de poursuivre.

— Au Japon, les ferments bulgares, issus des théories de Metchnikoff, devinrent alors un symbole de la modernité scientifique et civilisationnelle. Ils représentaient le mariage parfait entre tradition et innovation, une promesse d'avenir qui résonnait avec les ambitions du pays. Très vite, des entrepreneurs japonais se sont emparés de ces découvertes pour créer des produits nouveaux, adaptés à leur marché. Le premier d'entre eux fut Kaiun Mishima. En 1919, il s'inspira du produit fermenté de Senshû et améliora la recette pour créer une boisson fermentée qu'il nomma Calpis. Ce fut un véritable succès commercial, qui perdure encore aujourd'hui.

Étrangement, Rafael sentit son stress s'atténuer à mesure que la discussion avançait. Parler de science éloignait son esprit du danger immédiat. C'était comme trouver un refuge, un îlot de rationalité dans un océan de chaos. Plus il parlait, plus il retrouvait un semblant de contrôle. Il fallait continuer.

Il se redressa légèrement, sa voix retrouvant un calme presque naturel :

— Si je peux me permettre, 1919, c'est aussi l'année de lancement de la société Danone, fondée par Isaac Carasso, qui s'est lui aussi inspiré des travaux d'Élie Metchnikoff. C'est fascinant de découvrir qu'à 10 000 kilomètres de distance, un entrepreneur japonais avait exactement la même idée que le fondateur de Danone.

Tatsiana répliqua d'un ton sec :

— Il ne faut pas croire que les Européens ont le monopole des bonnes idées, Rafael. En science, les idées germent souvent simultanément dans plusieurs esprits à travers le monde. Elles naissent d'un même contexte, d'une accumulation collective de connaissances.

Tatsiana marqua une pause, son regard fixé sur Mary. Puis, avec une voix posée, elle reprit :

— En revanche, les Japonais ont poussé la réflexion encore plus loin. Ils ont eu une intuition audacieuse : « Et si, au lieu d'utiliser des bactéries issues de l'alimentation, on isolait directement des bactéries de l'intestin lui-même pour les administrer ? ».

Elle marqua une nouvelle pause.

— Cette idée leur est venue parce qu'ils avaient compris une vérité fondamentale : tous les ferments lactiques présents dans les produits fermentés ne survivent pas au passage dans notre système digestif. Pourquoi ? Parce que ces ferments sont des bactéries issues de l'alimentation. Leur milieu naturel, c'est l'aliment, pas l'intestin. Mais des bactéries isolées directement de l'intestin, elles, seraient naturellement plus résistantes à la digestion et, surtout, bien plus actives une fois réintroduites dans leur habitat d'origine : l'intestin.

— Euh, je vous arrête, Tatsiana, interrompit Rafael en levant une main. Cette idée n'était pas si révolutionnaire. Notre compatriote français, Henry Tissier, avait déjà émis cette hypothèse à la fin du 19e siècle. Il suggérait qu'introduire des bifidobactéries issues de l'intestin de bébés allaités à des nourrissons nourris au lait de vache pourrait améliorer leur santé.

— Mon cher Rafael, c'est moi qui vous arrête, lança Tatsiana. Entre vouloir aller sur la Lune et y arriver, il y a une sacrée différence, n'est-ce pas ? Ce sont les Japonais qui ont mis cette idée en pratique. Le premier à avoir franchi le pas, c'est Minoru Shirota. Il a accompli un exploit remarquable : isoler une souche de *Lactobacillus casei*, aux caractéristiques uniques, capable de survivre au système digestif. Mais là où Shirota se distinguait, c'était dans sa vision. Il ne voulait pas seulement isoler de bonnes bactéries. Il voulait avoir un impact réel sur la société, rendre ces bactéries accessibles au plus grand nombre.

Son ton s'intensifia légèrement, comme pour souligner l'importance de ce qu'elle allait dire :

— La clé, c'était de rendre ces bactéries accessibles au

plus grand nombre en les intégrant dans l'alimentation quotidienne, comme on le fait aujourd'hui en enrichissant certains laits avec de la vitamine D. Shirota avait compris que si les gens consommaient chaque jour des « bonnes bactéries », vivantes et actives dans l'intestin, leur santé en tirerait des bénéfices considérables. Il incarnait la vision de Metchnikoff. Avec une intuition brillante et une ambition claire, il créa un lait fermenté qui ne se contentait pas d'être bénéfique pour la santé : il devait aussi être agréable au goût et s'intégrer naturellement aux habitudes alimentaires des Japonais. Ce lait fermenté, que vous connaissez sans doute sous le nom de Yakult, n'a pas seulement conquis le Japon, il a aussi franchi les frontières pour devenir un produit mondialement reconnu. Je suis sûre que vous l'avez déjà aperçu dans les rayons de vos supermarchés. Mais au Japon, Yakult n'est pas qu'une boisson. C'est un symbole national, une véritable fierté, témoin d'une innovation qui a su allier tradition et modernité.

Elle marqua à nouveau une pause avant de continuer :

— Et cette vision a été contagieuse. En 1971, la firme japonaise Morinaga a lancé le premier produit laitier enrichi avec une souche de *Bifidobacterium longum*, isolée à partir de selles d'enfants. Henri Tissier l'avait rêvé, mais ce sont les Japonais qui l'ont fait.

Elle jeta un coup d'œil vers Rafael, savourant son effet.

— Le défi était immense. Les bifidobactéries sont incroyablement sensibles à l'oxygène, ce qui les rend particulièrement difficiles à intégrer dans des chaînes de production agroalimentaire, où l'exposition à l'air est constante. Pour surmonter cela, il a fallu les adapter, modifier leurs conditions de croissance. C'était un peu comme apprivoiser une espèce sauvage pour qu'elle puisse s'intégrer à un nouveau monde. Et ils ont réussi !

— À partir de ce moment-là, les produits laitiers enrichis

en lactobacilles et bifidobactéries actives, appelés probiotiques, ont commencé à envahir les rayons des supermarchés. D'abord en Asie, puis en Europe, avant de conquérir le reste du monde à partir des années 80. Vous connaissez sûrement Activia, Actimel ? Ces produits emblématiques sont en réalité les héritages de la vision de Metchnikoff. Pour résumer, mon grand-oncle Élie a littéralement transformé les habitudes alimentaires du monde entier. Danone, Yakult, Calpis… toutes ces entreprises sont, d'une certaine manière, ses héritières. Ce qu'il a initié a inspiré de nombreux entrepreneurs et introduit des produits que la planète entière consomme aujourd'hui, alors qu'ils étaient quasiment inexistants il y a un siècle. Et cela ne s'arrête pas là. Pensez aux innombrables probiotiques aujourd'hui vendus en pharmacie. Tout cela remonte à ses travaux.

Elle esquissa un sourire, teinté de fierté.

— Combien de chercheurs peuvent prétendre avoir eu un impact planétaire ? Très peu. Et Élie Metchnikoff fait indéniablement partie de ce cercle restreint.

Rafael, absorbé par ses paroles, intervint :

— Vous avez raison. Élie Metchnikoff a redéfini notre rapport aux bactéries. Grâce à lui, nous avons compris qu'elles ne sont pas nos ennemies, mais nos alliées. Il a littéralement changé notre perception du monde microscopique. Je comprends maintenant pourquoi l'affiche d'Élie Metchnikoff trône chez Themis.

Un sourire furtif apparut sur le visage de Tatsiana.

— Exactement. Themis continue, à sa manière, le travail de mon grand-oncle. Chaque projet que nous menons, chaque avancée que nous réalisons, s'inscrit dans son héritage.

Pendant tout le récit de Tatsiana, Mary, contrairement à Rafael, sentait son stress monter en flèche. Son cœur battait si fort qu'elle craignait qu'il n'explose. Ses mains tremblaient légèrement, et une sueur froide glissait lentement sur sa nuque. La voiture, bien qu'immense, semblait se resserrer autour d'elle. Chaque coup d'œil furtif qu'elle lançait à Tatsiana ne faisait qu'intensifier son sentiment de claustrophobie. Mary avait du mal à respirer, à penser clairement. Cette arme pointée sur elle, ce froid métallique chargé de promesses funestes, la paralysait. Chaque seconde s'étirait dans une lenteur cruelle, amplifiant l'impression d'être prisonnière d'une menace qu'elle ne maîtrisait pas. Elle n'en pouvait plus. Brusquement, elle se redressa et lança d'une voix tremblante :

— Je suis désolée d'interrompre cette fascinante discussion sur l'histoire des probiotiques. Mais… quel rapport cela a-t-il avec la mort d'Andrew ?

Ses yeux se plantèrent dans ceux de Tatsiana. Elle ne pouvait plus se contenter d'écouter. Elle voulait des réponses, et surtout, elle voulait que cette nuit de cauchemar prenne fin.

Tatsiana savait qu'elle devait maintenir le contrôle sans provoquer de mutinerie. Elle était en infériorité numérique, même avec une arme. Alors, adoptant un ton plus doux, elle répondit avec calme :

— Justement, Mary, je gardais le meilleur pour la fin. Comme pour toute grande avancée, il y a toujours un revers. Les scientifiques et industriels japonais ont brillamment exploité le potentiel du microbiote intestinal pour améliorer la santé de leur population grâce à des produits fermentés et des probiotiques… Mais d'autres scientifiques japonais ont rapidement saisi que le microbiote pouvait aussi devenir une arme.

Mary sentit un frisson glacé parcourir son échine. Elle serra les poings, tentant de dissimuler son trouble.

— Une arme ? Que voulez-vous dire … balbutia Mary.

— Imaginez un instant, répondit Tatsiana. Modifier un

microbiote, non pas pour soigner, mais pour affaiblir. Pour manipuler. Pour tuer, lentement, à petit feu.
Mary ouvrit la bouche, mais aucun son n'en sortit. Rafael tourna la tête brusquement vers Tatsiana.
— *clpO*… murmura-t-il.
Tatsiana esquissa un sourire, une expression froide et calculatrice.
— Oui…*clpO*. Un coup magistral ! Une bactérie possédant un gène redoutable, capable de reprogrammer le métabolisme humain, d'alimenter l'appétit insatiable pour le sucre et le gras, et de condamner ses victimes à l'obésité et à ses maladies associées. Une lente destruction de l'intérieur.
— C'est insensé… répliqua Mary, abasourdie.
— Vous avez mis le doigt sur quelque chose que vous n'auriez jamais dû comprendre. Andrew est mort parce qu'il s'est approché trop près de la vérité. Vous êtes ici parce que vous êtes devenus une menace…pour le Japon.
À cet instant, Mary comprit que Tatsiana ne comptait pas les laisser s'en sortir. Leur sort semblait scellé. Si personne n'agissait, ils allaient tous mourir. Une détermination désespérée s'empara d'elle. Le sentiment d'étouffement, la peur, l'urgence : tout se cristallisa. Dans un élan irrépressible, Mary se jeta sur Tatsiana, tentant de lui arracher l'arme des mains. Tatsiana réagit immédiatement, pivotant pour repousser Mary. Une lutte brutale s'engagea, l'arme oscillant dangereusement.
— Mary, non ! hurla Rafael en se tournant vers l'arrière.
La lutte chaotique fit perdre le contrôle à Tatsiana. Soudain, une détonation assourdissante éclata dans l'habitacle.
— Putain ! cria Tom, sa voix perçant le tumulte.
Tom lâcha brièvement le volant, attrapant instinctivement sa jambe. Une tache de sang s'étendait rapidement sur son pantalon. La douleur le paralysait. Le

SUV vacilla violemment. La voiture bascula à droite, heurtant la glissière de sécurité dans un grincement métallique. Tom, les mains tremblantes et en sueur, tenta de reprendre le contrôle, mais une seconde embardée projeta le véhicule contre la glissière opposée. Les secousses propulsèrent Mary contre la portière tandis que Rafael s'agrippait désespérément au tableau de bord.

— Rafael, le volant ! hurla Tom, à bout de souffle.

Rafael se précipita, tendant les bras pour saisir le volant et éviter une nouvelle collision. La voiture continuait à zigzaguer dangereusement.

— Prends le volant ! Redresse la voiture ! cria Tom, la voix étranglée par la douleur, tandis qu'il pressait sa main sur sa cuisse ensanglantée.

Rafael tirait désespérément sur le volant, ses muscles tendus à l'extrême. Les pneus crissèrent bruyamment sur l'asphalte, le véhicule oscillant entre déséquilibre et stabilisation. Enfin, après plusieurs secondes interminables, le SUV ralentit et s'immobilisa en catastrophe sur le bas-côté. Un silence pesant s'installa. L'habitacle n'était plus rempli que de respirations haletantes, entrecoupées par les gémissements étouffés de Tom.

Tatsiana pointa son arme sur Mary et brisa le silence, sa voix tranchant comme un couperet.

— Si quelqu'un retente quoi que ce soit, je n'hésiterai pas.

Rafael tourna son regard vers Tom, dont le visage était blême. Du sang coulait abondamment de sa jambe, imbibant le siège et formant une flaque sombre à ses pieds. La gravité de la situation était évidente.

— Il faut soigner sa jambe, il perd trop de sang ! implora Rafael.

— Là où nous allons, on s'occupera de lui, répondit Tatsiana d'un ton sec. Pas besoin de perdre du temps ici. Maintenant, sortez-le et prenez le volant.

Rafael hésita, son visage se contractant sous l'effet de la colère et de l'impuissance.
— Vous êtes sérieuse ? Il ne tiendra pas longtemps comme ça ! protesta-t-il.
Tatsiana enfonça le canon de son arme contre la tempe de Mary.
— C'est un ordre, Rafael. Bougez. Et ne tentez pas de vous échapper, sinon je la descends.
La menace était sans équivoque. Rafael ravala sa colère et obéit. Il ouvrit lentement la portière et contourna le véhicule pour aider Tom à sortir. Ce dernier serrait les dents, chaque mouvement provoquant une vague de douleur intense. Finalement, il réussit à s'installer sur le siège passager, la jambe tendue, le souffle court.
— Pas de faux pas, lança Tatsiana en continuant de braquer son arme sur Mary.
Rafael, les mains crispées sur le volant, lança un dernier regard inquiet à Tom avant de redémarrer le véhicule. L'atmosphère était étouffante, le silence pesant. Le seul bruit était celui de la respiration saccadée de Tom, son état s'aggravant à vue d'œil.
Après une quarantaine de minutes sur l'Interstate 93, Tatsiana brisa le silence.
— Prenez la sortie pour Newport, ordonna-t-elle.
Rafael obéit, les mains crispées sur le volant, manœuvrant avec prudence sur une route longeant la mer, bordée de grands arbres qui se dressaient comme des sentinelles silencieuses. L'obscurité de la nuit semblait les engloutir, accentuant la sensation de se diriger droit vers l'inconnu.
Ils passèrent devant une succession de manoirs majestueux, chacun rivalisant de grandeur et de magnificence, témoins d'une époque révolue. Ces vastes demeures étaient l'héritage des années folles, incarnant la démesure des années 1920. À l'époque, Newport était le terrain de jeu de l'élite américaine, un lieu où les magnats

du rail, de l'acier et de l'industrie pétrolière érigeaient leurs palais estivaux, rivalisant d'extravagance et de grandeur architecturale.

Puis ils arrivèrent enfin devant l'un d'eux. Il semblait d'abord semblable aux autres, jusqu'à ce que Rafael remarque un détail singulier : deux lions massifs, en pierre sombre, montaient la garde de chaque côté de l'entrée. Leur posture imposante et leur style, d'inspiration japonaise, ajoutaient une touche exotique et énigmatique à l'ensemble.

Le manoir, isolé sur une grande route surplombant la mer, semblait défier le temps, sa façade sombre se détachant sur le ciel nocturne. Le bruit des vagues se fracassant contre les rochers en contrebas résonnait faiblement, comme un murmure sinistre venant compléter ce tableau étrange.

Rafael ralentit en s'approchant de l'entrée. Derrière une grande fenêtre illuminée, une silhouette immobile les observait. Une présence spectrale, figée dans l'ombre, rendant l'atmosphère encore plus inquiétante.

— Sortez. Et pas de bêtises.

Rafael et Mary obéirent à contrecœur. Ensemble, ils aidèrent Tom à descendre. Ses grognements de douleur étaient déchirants, mais il s'accrochait tant bien que mal à leurs épaules. Ils avancèrent lentement vers la maison. À mesure qu'ils approchaient, la silhouette devenait plus distincte.

La porte s'ouvrit doucement, révélant un visage familier. Reiko les attendait.

CHAPITRE 12

Reiko pointa une arme vers eux et leur ordonna de rentrer. Rafael et Mary obéirent à contrecœur, soutenant Tom, qui ne pouvait plus marcher. Il semblait de plus en plus faible, le visage pâle, à peine conscient. Ils pénétrèrent dans la maison qui avait tout d'un palace. L'intérieur était somptueux, presque irréel, une immense demeure au style Art déco rappelant les fastes de *Gatsby le Magnifique*. Chaque détail semblait pensé pour impressionner : des lustres scintillant comme des constellations au plafond, des tapis persans couvrant le parquet lustré.

Rafael et Mary furent attirés par un portrait imposant d'Élie Metchnikoff, trônant au-dessus de la cheminée. Le regard austère du scientifique semblait scruter chaque recoin de la pièce, jugeant silencieusement les occupants.

Reiko leur ordonna de déposer Tom sur un canapé recouvert d'une bâche en plastique. L'image était dérangeante.

— Il faut lui donner des soins, sinon il va mourir ! s'exclama Rafael, désespéré.

Reiko secoua la tête et répondit d'un ton neutre, presque à voix basse :

— Rafael, je suis désolée… Mais c'est impossible.

Avant que Rafael ne puisse protester, une voix familière surgit derrière eux :
— Asseyez-vous à côté de Tom.
Ils se retournèrent pour voir Tatsiana, un revolver à la main.
Rafael et Mary échangèrent un regard inquiet, mais s'exécutèrent. Rafael observa la bâche sous eux et fit un commentaire, sur un ton à la fois ironique et provocateur :
— Une bâche en plastique, un revolver pointé sur nous… Si j'étais paranoïaque, je pourrais croire que vous prévoyez de nous exécuter sur place.
Tatsiana esquissa un sourire sarcastique.
— Ah, Rafael, votre sens de l'humour me manquera…Assis ! ordonna soudainement Tatsiana d'une voix tranchante.
Ces mots firent éclater Mary en sanglots.
— Je suis désolée, Rafael… Tom… Tout ça est de ma faute. Je vous ai tous embarqués dans cette histoire…
Rafael lui lança un regard ferme, mais empreint d'une certaine douceur.
— Mary, ce n'est pas toi qui pointes une arme sur nous.
Il marqua une pause, son regard se durcissant alors qu'il pivotait vers Tatsiana et Reiko, qui leur faisaient face.
— Et d'ailleurs, de qui est-ce la faute, hein ? demanda-t-il, sa voix prenant une tonalité plus tranchante. Il fixa Reiko, le visage sombre, ses yeux brûlant de colère et de déception.
— Reiko, que se passe-t-il ? lâcha-t-il. On te faisait confiance. Tu nous as trahis. On mérite au moins une explication.
Reiko échangea quelques mots rapides en japonais avec Tatsiana. Après une brève hésitation, Tatsiana déclara :
— Très bien, accorde-leur ce qu'ils veulent. Explique-leur pourquoi ils sont ici.

Reiko prit une profonde inspiration, puis se tourna vers Rafael et Mary, son visage tendu.

— Tom, Rafael, Mary… Je vous dois la vérité. Et j'espère que vous comprendrez mes actes.

Elle marqua une pause et prit une inspiration avant de continuer :

—Mary, tu avais raison. Andrew n'a pas falsifié les résultats de l'étude. Ce que nous avons découvert est vrai. Une grande partie de la population américaine possède bien un gène dans son microbiote, le gène *clpO*, qui pousse les individus à manger, malgré leur volonté et tous les messages de santé publique que l'on peut imaginer. Ce gène est en grande partie responsable de l'épidémie d'obésité que l'on observe depuis la fin des années 70 et le début des années 80 aux USA.

— Et ce gène n'est pas arrivé là par hasard, n'est-ce pas ? intervint Rafael, la voix tendue, teintée de colère. Quelqu'un l'a introduit dans le microbiote de la population américaine. Andrew l'avait compris. Cette vérité vous menaçait. C'est pour ça qu'il devait disparaître.

Tatsiana, imperturbable, esquissa un sourire froid, ses yeux fixant Rafael avec une intensité glaçante.

— Andrew menaçait quelque chose de bien plus grand que toi ou moi, répondit Tatsiana, un sourire froid étirant ses lèvres.

Rafael serra les poings, son regard perçant fixé sur elle.

— De quoi vous me parlez ? lança-t-il, sa voix vibrante de colère et d'urgence. Qu'est-ce que cela signifie ?

— Ce que cela signifie, Rafael, c'est que certaines vérités sont trop dangereuses pour être révélées. Ce que vous et Andrew avez découvert n'est pas simplement une anomalie génétique ou une coïncidence scientifique. Il s'agit d'une pièce maîtresse d'un plan conçu depuis des décennies.

Mary, jusque-là figée, trouva enfin la force de parler.
— Un plan ? Quel plan ? lança-t-elle.
— Pour que vous compreniez, il faut remonter dans le temps, répondit Reiko. Au Japon de la Seconde Guerre mondiale. Quand nous avons subi l'humiliation ultime. Deux bombes atomiques larguées sur Hiroshima et Nagasaki. Plus de 200 000 morts. Des centaines de milliers de vies brisées à jamais.
Elle marqua une pause, son regard se perdant dans le vide, comme si elle revivait une douleur transmise à travers les générations.
— Mais ce n'était pas seulement les bombes. C'était ce qui est venu après. L'occupation américaine. Notre armée dissoute. Notre pays réduit à l'impuissance, soumis à des forces étrangères.
Elle inspira lentement, laissant ses mots s'installer dans le silence lourd qui pesait dans la pièce.
— Le monde a cru que le Japon avait accepté sa défaite. Que nous étions dociles, résignés, soumis. Mais ça… c'était l'apparence.
Reiko tourna lentement son regard vers Rafael et Mary, son expression désormais empreinte d'une intensité inhabituelle.
— En réalité, certains ne l'ont jamais accepté. Une riposte militaire était impossible. L'humiliation était trop grande. Alors il fallait trouver une autre voie. Une vengeance invisible, insidieuse. Il fallait être… créatif.
Rafael sentit un frisson lui parcourir l'échine, comme s'il devinait déjà ce qui allait être dit.
— Qu'est-ce que tu veux dire, Reiko ? demanda-t-il.
Reiko pinça les lèvres, hésitant un instant avant de répondre.
— Cela a pris des années. Des décennies. Mais certains ont cru qu'une guerre pouvait être menée autrement. Une guerre silencieuse. Sans armes conventionnelles.

Le silence qui suivit fut oppressant, chaque mot de Reiko résonnant dans l'esprit de Rafael et de Mary comme une révélation inquiétante, une fenêtre sur un passé qu'ils n'avaient jamais soupçonné.

— Et c'est là qu'est née l'idée d'une vengeance invisible, méthodique, où l'arme ne serait pas une bombe ou une balle, mais quelque chose de bien plus insidieux... le microbiote.

Rafael et Mary fixaient Reiko, absorbés par ses paroles.

—Un cercle restreint de scientifiques s'est formé, continua-t-elle. Ils étaient passionnés par les travaux d'Élie Metchnikoff. Pour eux, le microbiote était bien plus qu'un organe oublié : c'était un levier, un outil.

— Oui, on sait, Reiko, coupa Mary. Tatsiana nous a déjà expliqué combien Metchnikoff était vénéré au Japon. Tu peux passer cette partie.

Reiko l'ignora et continua, le regard plongé dans le vide.

— Ces chercheurs se sont baptisés eux-mêmes Les Héritiers de Metchnikoff, en hommage à Élie. Inspirés par ses travaux et cherchant à servir leur pays, ils ont lancé un programme secret : transformer le microbiote en une arme. Ils ont entrepris un travail titanesque, méthodique. Pendant des décennies, ils ont isolé autant de bactéries que possible à partir du microbiote humain à la recherche de LA bactérie qui pourrait être utilisée comme arme contre la population américaine. Chaque souche était méticuleusement mise en culture, puis testée sur des souris afin d'en analyser les effets. Une approche systématique. Ce programme demandait une discipline et une détermination extrêmes, mais la vengeance était leur moteur.

Elle inspira profondément avant d'ajouter :

— Et ils ont réussi. Certaines bactéries se sont révélées avoir un grand potentiel destructeur. Après des années de recherches et des milliers de souris sacrifiées, ils ont isolé une bactérie capable de favoriser la prise de poids de manière significative. Une bactérie qui, une fois introduite dans le microbiote, diminuait la satiété et rendait les souris obèses ! Cette bactérie, ils l'ont appelée *Clostridium elium*, en hommage à Élie Metchnikoff. Ils ont réussi à la cultiver et à la faire sporuler. Vous le savez maintenant : en sporulant, une bactérie devient résistante, stable et surtout… facilement disséminable. C'est ainsi que dans les années 1970, ils ont commencé sa dissémination. Discrètement. Méthodiquement. Aux États-Unis. Depuis cette époque, la courbe de l'obésité n'a cessé de grimper.

Mary, blême, murmura :

— Et cette bactérie, c'est celle qui contient le gène *clpO* ?

— Oui… mais nous ne l'avons compris que bien plus tard. Dans les années 1990, avec l'avènement du séquençage ADN, nous avons découvert que c'était le gène *clpO* qui conférait les propriétés uniques à cette bactérie. Ce gène inhibait la production de GLP-1, une hormone clé dans la régulation de la satiété. Avec moins de GLP-1, le métabolisme devenait défaillant, et l'appétit insatiable.

Elle marqua un silence, pesant l'impact de ses mots, avant de continuer :

— Cette découverte a tout changé. Elle a permis d'accélérer le programme. Sous sa forme sporulée, *Clostridium elium* était stable, mais difficile à disséminer à grande échelle. En comprenant le rôle de *clpO*, les chercheurs ont trouvé un autre moyen, plus efficace, de diffuser ce gène.

Tatsiana interrompit Reiko, son ton tranchant brisant le silence pesant.

— Et c'est là que j'interviens. Quand je suis arrivée au Japon, j'ai été invitée à rejoindre les Héritiers de Metchnikoff. Une évidence, me direz-vous, puisque je

suis son héritière naturelle, n'est-ce pas ?
Elle marqua une pause, son regard s'illuminant d'une fierté froide. Elle esquissa un sourire en coin, un éclat malveillant dans les yeux et s'avança légèrement, son ton devenant plus passionné, presque exalté.
— J'ai rapidement compris que l'univers avait placé cette organisation sur mon chemin. C'était un signe ! Mon rôle était clair : marcher sur les traces de mes deux ancêtres, poursuivre leur héritage. Continuer à repousser les limites de la recherche sur le microbiote, comme Élie l'aurait fait, et soutenir les Japonais, un peuple si cher aux yeux de Léon.
Les yeux de Tatsiana brillaient d'une fierté démesurée.
— J'ai alors proposé une idée révolutionnaire : cloner le gène *clpO* sur un plasmide. Ce petit morceau d'ADN circulaire pouvait se répliquer de façon autonome et se transférer d'une bactérie à l'autre avec une efficacité redoutable. Grâce à cette innovation, la dissémination du gène est devenue exponentielle, et la courbe de l'obésité a suivi.
Elle croisa les bras, savourant l'effet de ses paroles sur Rafael et Mary, dont les visages trahissaient un mélange de colère, d'horreur et d'incrédulité.
— Mais vous êtes complètement malade ! lança Rafael, sa voix tremblant de rage. Vous croyez vraiment que vos ancêtres auraient cautionné cette manipulation ?
— Ce que vous appelez une manipulation, moi je l'appelle… un chef-d'œuvre scientifique, répondit-elle avec une pointe d'arrogance.
Elle redressa légèrement la tête, comme pour appuyer l'ampleur de ses propos, et poursuivit, implacable :
— Les Japonais ont eu leur vengeance. Aujourd'hui, plus de 70 % de la population américaine est en surpoids. Et l'obésité, et les maladies associées, tuent chaque année plus de 200 000 personnes aux États-Unis, un chiffre qui

correspond à l'équivalent des morts d'Hiroshima et Nagasaki. Une statistique glaçante, bien au-delà de toutes les prévisions initiales.

Elle marqua une brève pause, avant d'enfoncer encore davantage le couteau dans la plaie :

— Et depuis 2020, les conséquences sont devenues irréversibles. L'espérance de vie a commencé à diminuer aux États-Unis, grâce à notre petite intervention. Ils sont désormais le seul pays développé où l'espérance de vie diminue. Leur déclin a commencé. La civilisation américaine est en train de s'effondrer, lentement, méthodiquement.

Mary serra les poings, la mâchoire crispée, ses yeux brûlant d'un mélange de colère et de douleur. Elle secoua lentement la tête, le visage blême, tandis que des larmes silencieuses glissaient sur ses joues.

Tatsiana, impassible, continua d'une voix presque enjouée, comme si la détresse de Mary nourrissait sa satisfaction.

— La vengeance est un plat qui se mange froid, Mary... Et elle est servie depuis cinquante ans !

Rafael sentit une colère brûlante l'envahir, une flamme d'indignation dans son regard, prête à éclater. Il se tourna brusquement vers Reiko :

— Il y a quelque chose que je ne comprends pas, Reiko. Pourquoi ? Pourquoi as-tu collaboré avec Andrew et moi sur cette étude ? Tu as aidé à révéler ce secret... et maintenant, tu fais tout pour l'enterrer.

Reiko détourna les yeux, comme accablée par le poids de ses propres actions. Elle inspira profondément, puis parla d'une voix brisée.

— Rafael, à l'époque, j'ignorais tout des Héritiers de Metchnikoff et de leur programme. J'étais une jeune chercheuse naïve, enthousiaste à l'idée de collaborer avec un Américain et un Français. Je n'avais aucune idée dans quoi je m'engageais.

Elle baissa la tête, ses épaules légèrement voûtées, comme si le poids des souvenirs était trop lourd à porter.

— Quand les Héritiers ont pris connaissance de notre étude, ils ont complètement paniqué, déclara Reiko. En partageant ces données, j'avais enfreint une règle sacrée : ne jamais, au grand jamais, transmettre les données du microbiome intestinal de la population japonaise à d'autres pays.

Elle marqua une pause, ses yeux se posant sur Rafael.

— C'était une règle dont j'ignorais l'existence. Mais elle était cruciale pour eux, instaurée dans un seul but : protéger leur plan.

— Protéger leur plan… de quoi ? demanda Rafael.

— Du progrès, répondit-elle simplement. Pensez-y : dans les années 70, lorsqu'ils ont lancé leur programme, le séquençage ADN n'existait pas. L'origine des souches était indétectable. À cette époque, leur plan n'avait aucune chance d'être mis à jour.

Elle laissa ses mots flotter un instant avant de continuer.

— Mais dans les années 2000, tout a changé. Le séquençage ADN est devenu incroyablement accessible. Il était désormais possible de décoder l'ADN du microbiote à des coûts dérisoires.

Rafael hocha lentement la tête, comprenant où elle voulait en venir.

— Et ce progrès a changé la donne, murmura-t-il. Avec un peu de savoir-faire, n'importe quel chercheur pouvait remonter le fil, exhumer leurs secrets et les exposer au grand jour.

Reiko acquiesça.

— Exactement. Alors, pour se protéger, ils ont restreint l'accès aux données du microbiote de la population japonaise. Et ils n'étaient pas seuls : ils avaient des alliés au sommet de l'État. Le gouvernement était parfaitement au courant. Ils ont mis en place des règles strictes : aucun échantillon d'ADN du microbiote ne devait quitter le Japon. Chaque séquence génétique partagée avec le reste du monde était filtrée, modifiée, falsifiée.

Reiko releva la tête, son regard se posant de nouveau sur Rafael.

— C'était leur manière de s'assurer que personne ne découvrirait jamais la vérité.

Reiko leva les mains en l'air, comme pour signifier son incompréhension.

— Mais, par je ne sais quel hasard, j'ai échappé à leurs filtres. Et ces données…Je vous les ai fournies. En les partageant, j'ai ouvert une boîte de Pandore. Cela a permis de montrer l'association entre la présence de *clpO* et l'obésité. Mais pire encore, cela a permis de révéler que *clpO* était sur un plasmide construit par l'homme, et donc qu'une organisation était derrière cela.

Rafael et Mary restèrent figés, abasourdis par l'ampleur des révélations. Une arme biologique, des manipulations orchestrées sur plusieurs décennies, et un collègue sacrifié pour préserver un secret.

— Andrew est mort parce qu'il avait mis le doigt sur la vérité. Et nous ? Pourquoi n'avons-nous pas été tués ? demanda Rafael, le ton grave.

Reiko le fixa un instant avant de répondre :

— Parce que cela aurait éveillé les soupçons. Imagine un peu : tous les auteurs d'une même publication retrouvés morts. Ça aurait été trop suspect. Andrew était la cible principale, car il en savait trop. Mais pour toi, Rafael, ils ont choisi une autre méthode… te discréditer.

— Me discréditer ? s'écria Rafael, abasourdi.

Reiko acquiesça lentement.

— Oui. Ils ont orchestré une campagne pour salir ton nom, couper tes financements, te priver de toute crédibilité. Ils t'ont isolé, jusqu'à ce que plus personne ne

veuille collaborer avec toi. Et ça a marché, n'est-ce pas ?
Rafael sentit une vague de colère bouillir en lui.
— C'est pour ça que tout le monde m'a tourné le dos… Que mes recherches n'intéressent plus personne !
Reiko baissa la tête, incapable de soutenir le regard de Rafael. Sa voix, brisée par le poids de la culpabilité, tremblait légèrement.
— Ils sont allés plus loin, Rafael… bien plus loin. Ils ont voulu t'affaiblir personnellement. Te détourner de ta quête, te briser de l'intérieur en s'attaquant à Clara.
Elle leva les yeux un instant, croisant le regard de Rafael.
— Sa maladie… n'était pas un accident. Ce n'était pas un hasard. Ils l'ont provoquée… délibérément.
Rafael sentit son cœur s'emballer. Ses poings se crispèrent, et sa voix, tremblante d'incrédulité, s'éleva :
— Quoi ?! Qu'est-ce que tu veux dire ?
— Ils ont utilisé une souche modifiée, résistante, spécialement conçue pour affaiblir Clara. Pour qu'aucun traitement ne puisse la soigner…répondit Reiko, d'une voix lourde de remords.
Tatsiana intervint, son sourire cruel et son regard glacé.
—Oui, Rafael, nous voulions te détourner de la science. Et quoi de mieux pour y parvenir que de frapper ta vie personnelle, ton cœur même ?
Rafael fixa Tatsiana avec horreur, son souffle court.
— Non, Clara n'a pas « attrapé » *C. difficile* à la crèche. C'est moi qui lui ai transmis, poursuivit Tatsiana avec un éclat de satisfaction dans la voix. Je lui ai concocté une souche spéciale, avec mes petits plasmides rendant cette souche résistante à tous les antibiotiques. C'est pourquoi elle n'a jamais pu être soignée.
Son sourire s'étira davantage, un éclat cruel dans ses yeux alors qu'elle savourait pleinement sa victoire.
— Et le meilleur dans tout ça ? reprit Tatsiana froidement, avec une pointe de sarcasme. Elle pourrait

être sauvée, si seulement elle avait accès au traitement TH-50 de Themis. Parce que, oui, ce traitement fonctionnerait parfaitement sur elle.
Rafael resta figé, les mots de Tatsiana résonnant dans son esprit comme une détonation. Il sentit son souffle se couper, la colère montant en lui.
— Tu m'as menti ! rugit-il, sa voix tremblante de rage.
Tatsiana haussa les épaules, comme si tout cela n'avait aucune importance.
— Mais est-ce si grave, Rafael ? Bientôt, vous vous retrouverez… Dans un autre univers. Là où la souffrance de Clara et la tienne n'auront plus d'importance.
Ces mots frappèrent Rafael comme un coup de poignard. Il pensa à Clara, à tout ce qu'elle avait enduré ces derniers mois : les rechutes incessantes, les douleurs insupportables, et leur couple, mis à mal par cette épreuve. Tout cela lui revint en un éclair, ravivant une rage qu'il avait du mal à contenir. Le feu de la colère explosa en lui. Sans réfléchir, il se jeta sur Tatsiana, hurlant sa fureur. Ils s'engagèrent dans une lutte acharnée. Rafael tenta de la maîtriser, ses mains agrippant ses bras avec une force désespérée. Dans la mêlée, le revolver de Tatsiana échappa à sa main, heurtant le sol dans un bruit sourd. Mais Tatsiana, mieux entraînée, reprit rapidement l'avantage. Elle frappa Rafael au visage d'un coup de coude sec, envoyant une onde de douleur à travers son crâne. Il tituba, désorienté, tandis que le goût métallique du sang envahissait sa bouche.
— Tu crois pouvoir m'arrêter ? lança Tatsiana, le visage déformé par une fureur froide.
D'un mouvement fluide, elle récupéra son revolver, le pointant directement sur Rafael, le souffle court et le visage marqué par l'effort.
— Voilà comment tout se termine, Rafael. La vérité mourra avec vous.

Rafael ferma les yeux, prêt à accepter l'inévitable. Une détonation éclata.

Le bruit résonna dans la pièce, assourdissant. Rafael attendit la douleur… mais rien ne vint. Pas de douleur. Pas d'impact. Il ouvrit lentement les yeux.

Tatsiana chancela, un regard d'incrédulité figé sur son visage. Une tache rouge s'élargissait sur son flanc. Elle lâcha son revolver dans un bruit métallique, puis s'effondra sur le sol, immobile. Rafael tourna la tête, le cœur battant à tout rompre. Derrière lui, Reiko se tenait debout, tremblante, un revolver fumant dans la main. Elle posa lentement son arme sur une table, comme si son poids était devenu insupportable.

— Je suis désolée, Rafael… pour tout, dit-elle d'une voix faible. Je n'ai pas su les arrêter plus tôt… Mais il n'est pas trop tard pour vous. Fuyez. Partez. Appelez la police. Faites éclater la vérité.

— Reiko… commença-t-il, la voix brisée.

Avant qu'il ne puisse finir, un autre coup de feu déchira l'air.

Reiko s'immobilisa, son regard se vidant lentement. Une seconde passa avant qu'elle ne s'effondre, ses genoux frappant le parquet avant que son corps n'y glisse, inerte. Rafael resta figé, incapable de bouger, les yeux écarquillés d'horreur. Tatsiana, au sol, s'était redressée, son revolver de nouveau en main, le regard haineux.

Elle se tourna lentement vers Rafael, un sourire cruel étirant ses lèvres.

— Je n'abandonne jamais, Rafael, murmura-t-elle, sa voix tranchante comme une lame. Maintenant, c'est vraiment fini.

Elle leva l'arme, la pointant directement sur lui, le canon brillant d'une froideur mortelle. Rafael ferma les yeux, le souffle coupé, résigné. Une détonation retentit, violente, résonnant dans son corps. Une douleur vive envahit sa poitrine, le faisant vaciller.

Il rouvrit lentement les yeux. Une seule pensée traversait son esprit : Clara. C'est comme ça qu'il allait mourir, sans avoir pu la sauver ni lui dire adieu…

Tatsiana, implacable, ajustait son arme pour tirer une deuxième fois. Mais avant qu'elle ne puisse tirer, une autre détonation retentit, brisant le silence.

Rafael entendit un cri étouffé. Il leva les yeux et vit Tatsiana s'immobiliser, une expression de surprise figée sur son visage. Ses doigts lâchèrent le revolver, qui tomba au sol. Puis, elle retomba lourdement sur le parquet, sans un mot de plus.

Rafael, hébété, tourna lentement la tête vers la fenêtre. Une silhouette familière se dessinait dans l'embrasure brisée : Callahan, fusil en main, un regard sombre et résolu. Une fine fumée s'échappait encore du canon de son arme.

— Callahan… murmura Rafael, à bout de souffle, les paupières lourdes.

Il sentit ses jambes céder sous lui, son corps tombant au sol. Son esprit dériva dans un flou d'épuisement et de douleur. Avant que l'obscurité ne l'enveloppe totalement, il eut une dernière pensée pour Clara. Puis le monde devint noir.

CHAPITRE 13

Trois mois plus tard…

Rafael attendait, adossé à la statue de Madame Mallard, au cœur du *Public Garden.* Les célèbres petits canards de bronze, pris d'assaut par les enfants et les touristes, semblaient sourire sous un soleil radieux. Il faisait anormalement chaud pour un mois d'octobre, une douceur inattendue qui baignait la ville dans une ambiance presque irréelle, comme si l'été refusait de céder la place à l'automne. Le parc débordait de vie : des joggeurs traversaient les allées bordées de fleurs éclatantes, des familles pique-niquaient sur les pelouses et des couples se promenaient main dans la main le long des allées ombragées.

Rafael regarda autour de lui, appréciant ce moment de calme. Le *Public Garden*, avec ses eaux paisibles et ses cygnes majestueux, semblait un endroit bien éloigné du tumulte de l'enquête qui l'avait ramené à Boston trois mois plus tôt.

Il consulta sa montre : midi. Elle devait arriver d'une minute à l'autre. Il leva les yeux, scrutant la foule, son cœur battant légèrement plus vite. Et puis, il la vit.

Clara.

Elle avançait vers lui, rayonnante, sa silhouette baignée dans la lumière du soleil. Elle portait une robe légère qui flottait au gré de la brise, et ses cheveux, relevés avec désinvolture, laissaient entrevoir son sourire radieux. Rafael sentit une vague de chaleur l'envahir. L'amour de sa vie, vivante, guérie, enfin là avec lui.

Clara s'approcha avec une assurance tranquille, ses yeux pétillant de joie. Sans hésiter, elle posa ses mains sur les épaules de Rafael et l'embrassa tendrement.

— Rafael, je suis si heureuse d'être ici, de te rejoindre pour ces quelques jours. Ça va nous faire du bien, dit-elle, son sourire illuminant son visage comme un rayon de soleil après une longue tempête.

Rafael lui prit la main, la serrant doucement, comme s'il craignait encore de la voir disparaître.

— La dernière fois que j'étais ici, sans toi, c'était un véritable cauchemar, murmura-t-il.

Ils commencèrent à marcher ensemble dans le parc, suivant l'allée bordée d'arbres centenaires. Leurs pas étaient parfaitement synchronisés, leurs cœurs apaisés par la quiétude de l'endroit.

Après un moment de silence, Clara brisa la tranquillité.

— Alors, comment s'est passé ton entretien avec Callahan et le juge ? demanda-t-elle, curieuse mais prudente.

— Plutôt bien. Callahan a réussi à recouper plusieurs événements et à fournir des preuves solides. Grâce à lui, les Héritiers sont en train de tomber. Ce sera long, mais la vérité finit toujours par éclater.

Il marqua une pause, son visage se fermant légèrement.

— Cette affaire a des retentissements diplomatiques énormes. Les relations avec le Japon sont glaciales pour le moment…

— Et… sait-on quelque chose de nouveau sur Olga, ou plutôt devrais-je dire, Tatsiana ?

— Oui, ils ont confirmé que Tatsiana était présente avec Andrew le soir de sa mort.

Il s'arrêta, se tournant vers elle pour mieux capter son attention.

— Elle travaillait déjà pour Themis à l'époque. Elle avait pour mission de disséminer *C. elium*, la bactérie porteuse du plasmide *clpO,* afin que celui-ci se dissémine encore plus vite. Mais heureusement, elle n'avait pas encore réussi à infiltrer la chaîne de production. TH-50 est sauf. Pas de contamination. Il pourra être lancé.

Il posa une main sur l'épaule de Clara, son expression se radoucissant.

— Et grâce à ça, TH-50 sauvera des vies. Des vies comme la tienne.

Clara le regarda, émue.

— C'est une excellente nouvelle pour les malades comme moi.

— Oui, une excellente nouvelle. Mais ce n'est pas tout. Tu veux entendre une autre bonne nouvelle ?

Intriguée, Clara hocha la tête.

— Notre publication avec Andrew, celle qui avait été rétractée de *Nature,* a été rétablie. Avec les nouvelles analyses, nous avons convaincu l'éditeur de republier l'article.

Clara porta une main à sa bouche, stupéfaite.

— C'est incroyable ! Félicitations !

Puis d'une voix plus douce, elle continua :

— Vous ne pourrez jamais ramener Andrew. Mais vous pouvez lui rendre ce qui lui a été volé : son honneur.

— Tu as raison. Et cela, personne ne pourra jamais plus lui retirer.

Un silence s'installa tandis qu'ils continuaient à déambuler dans le parc.

— Et Tom ? demanda Clara.

— Il va mieux. Il est soulagé que le produit TH-50 ait fonctionné sur toi !

Mais son expression s'assombrit presque aussitôt.

— Mais il continue à souffrir...Pas tant à cause de sa jambe. Car, grâce à la rééducation, il a pu en retrouver l'usage, et ça, c'est déjà une victoire. Ce n'est pas son corps qui le fait souffrir... c'est autre chose. Une douleur plus profonde. La perte de nos amis proches : Andrew... et Reiko.

À ces mots, Rafael s'immobilisa. Son regard se fixa sur Clara, qui s'arrêta à son tour, se plaçant face à lui. Puis, il prit une inspiration profonde et lança, d'une voix grave :

— Reiko nous a envoyé une vidéo.

— Quoi ? Mais comment est-ce possible ? s'exclama Clara, surprise.

— Reiko a enregistré une vidéo juste avant de mourir. Callahan l'a retrouvée dans la mémoire de son téléphone. Il a insisté pour nous la partager, car elle nous était destinée. Dans cette vidéo, elle explique tout. J'aimerais te la montrer, car il y a un message pour toi... un message que tu dois entendre.

Clara acquiesça en silence. Rafael sortit son téléphone, chercha la vidéo et la lança. L'écran s'illumina, révélant le visage tendu de Reiko, éclairé par une lumière tamisée. Derrière elle, un détail frappant : le portrait d'Élie Metchnikoff, celui accroché au mur du manoir de Newport. Tout laissait à penser que Reiko avait enregistré cette vidéo peu avant leur arrivée dans la demeure.

Reiko commença, sa voix calme, imprégnée de regrets profonds :

— Rafael, Tom, Mary... Si vous regardez cette vidéo, c'est que les choses ont mal tourné. Et je suis désolée. Je n'ai jamais voulu que tout dégénère ainsi. Cette vidéo, c'est ma tentative de vous donner des réponses. Peut-être qu'elle vous aidera à comprendre… peut-être même à tourner la page.

Elle marqua une pause, comme pour rassembler son courage.

— Quand j'ai compris que vous vouliez rouvrir l'étude d'Andrew, j'ai su que les Héritiers en seraient informés tôt ou tard. Et qu'ils ordonneraient votre exécution. J'ai pris les devants. Je les ai avertis, espérant les convaincre que je pouvais vous décourager. C'était naïf. Je n'avais pas anticipé le flair de Mary, qui a rapidement démasqué ma manœuvre. C'est là que tout a basculé. J'ai paniqué, sachant que Tatsiana — ou plutôt Olga — serait activée. Que les Héritiers n'hésiteraient pas à nous éliminer tous.

Elle détourna les yeux de la caméra.

— J'ai tenté de fuir. Mais fuir, je l'ai compris, ne servirait à rien. Tatsiana vous traquerait jusqu'au bout. Alors, je me suis dit que je devais revenir. Reprendre le contrôle, ou au moins essayer.

La caméra trembla légèrement tandis qu'elle changeait de position. Reiko s'assit sur le canapé recouvert de plastique, le même sur lequel Tom, Mary et Rafael s'étaient assis quelques mois plus tôt.

— J'ai convaincu le Sensei de m'épargner, en lui promettant de me rendre utile pour leur prochain plan. Ce plan consistait à empêcher les scientifiques du monde entier de découvrir la vérité sur *clpO*. Pourquoi ? Parce que *Clostridium elium* et son plasmide se sont déjà dispersés dans plusieurs pays. L'épidémie d'obésité n'est plus confinée aux États-Unis. Elle s'étend… partout, sauf au Japon, où, grâce aux Héritiers, les probiotiques présents dans l'alimentation protègent la population des effets de *clpO*.

Sa voix se brisa légèrement :

— Mon rôle était simple : collaborer avec des

laboratoires internationaux pour les détourner de la vérité. Leur fournir des données trafiquées, comme je l'ai fait avec vous. Pour me racheter, je devais aider Tatsiana… à vous éliminer. C'est ainsi que je me suis retrouvée ici, dans ce manoir.

Reiko fixa la caméra, un mélange de tristesse et de résignation dans son regard :

— J'ai une dernière mission. Si je réussis, cette vidéo sera mon adieu. Si je parviens à éliminer Tatsiana, peut-être aurez-vous une chance de tout arrêter. Avant de vous laisser, j'aimerai, Rafael, que tu transmettes un message à Clara. Dis-lui que je suis désolée pour tout ce qu'elle a subi. Elle a été une victime collatérale de mes actes inconsidérés. Clara, excuse-moi. J'espère que tu t'en sortiras.

Un bruit résonna hors champ, brisant le silence. Reiko tourna la tête, attirée par ce son inattendu. Son expression se figea, oscillant entre la peur et la résignation. Puis, lentement, elle ramena son regard vers la caméra.

Un sourire triste se dessina sur ses lèvres.

— Voilà, vous arrivez. À tout de suite ou à jamais.

La vidéo se coupa brusquement, plongeant Rafael et Clara dans un silence glacé.

Rafael baissa les yeux et essuya une larme qui roulait sur sa joue, ému par le sacrifice de son ancienne amie. Clara pressa doucement sa main. Ils restèrent silencieux un moment, leurs pas ralentissant alors qu'ils atteignaient un banc près de l'étang. Rafael s'assit et Clara vint se blottir contre lui.

— Tu sais, Clara, trois mois après tout ça, j'ai l'impression de respirer à nouveau. Tout a changé, mais en même temps… je suis toujours le même.

Rafael fixa un point au loin, sa voix trahissant un mélange de soulagement et de nostalgie.

— Ce combat… Il m'a appris une chose essentielle :

la science n'est rien sans les gens qu'on aime pour la partager.

Clara posa une main légère sur la sienne, un sourire apaisant sur les lèvres. Mais avant qu'elle ne puisse répondre, une silhouette familière s'arrêta devant leur banc.

— Bonjour, Rafael, lança Mary avec enthousiasme, un sac de shopping à la main.

Elle s'approcha et, sans hésiter, déposa une bise rapide sur la joue de Rafael.

Pris au dépourvu, Rafael rougit et balbutia :

— Euh… Bonjour, Mary… Quelle surprise !

Clara, qui observait la scène avec attention, remarqua immédiatement la gêne inhabituelle de Rafael. Son radar s'alluma aussitôt, et elle lança d'un ton légèrement piquant :

— Tu ne nous présentes pas, Rafael ?

Rafael, visiblement mal à l'aise, se racla la gorge.

— Euh, oui, bien sûr… Clara, je te présente Mary, dont je t'ai parlé. Mary, voici Clara… ma femme.

Mary sourit, un brin amusée, et répondit avec un clin d'œil :

— Ah, la fameuse Clara. Rafael ferait tout pour vous. Même se jeter à la gorge d'une Russe folle furieuse armée ! Vous avez une chance inouïe d'avoir un homme comme lui.

Clara, bien que divertie par l'échange, répondit avec un sourire subtilement possessif :

— Oh oui, j'ai de la chance de l'avoir à moi… toute seule.

Mary haussa légèrement les sourcils, captant sans peine l'échange sous-jacent, mais conserva son sourire chaleureux.

— Je vous laisse, mais j'ai été ravie de faire votre connaissance, Clara.

Elle se tourna vers Rafael, un éclat malicieux dans les yeux.

— Rafael, une fois que tu auras vu Tom, passe au labo. Il y a des choses dont on doit discuter.

Elle lui fit un petit clin d'œil avant de s'éloigner avec légèreté.

— D'accord, Mary. À bientôt, répondit-il.

Clara suivit la silhouette de Mary du regard, une lueur indéniable de jalousie dans les yeux. Puis elle se tourna lentement vers Rafael, qui, visiblement, cherchait à détourner l'attention.

— Qu'est-ce que Mary a souffert… On ne dirait pas, mais cette affaire la perturbe énormément. Elle se sent coupable, ça la hante. Elle est suivie par un psy, dit-il d'un ton sérieux, espérant changer de sujet.

Clara répondit avec un sourire doux mais légèrement moqueur :

— Elle ne donne pas l'impression d'une fille tourmentée, et… j'ai comme l'impression que ta présence lui remonte particulièrement le moral.

Rafael sourit, avec un air faussement charmeur.

— Je fais ça à toutes les femmes. Regarde-toi.

Clara éclata de rire et leva les yeux vers lui, avec un sourire tendre. Au fond d'elle, elle savait qu'elle n'avait rien à craindre. Ce qu'ils avaient traversé ensemble, ces mois d'épreuves, de doutes, de douleurs, avait forgé quelque chose d'indestructible entre eux.

Clara serra légèrement la main de Rafael, comme pour ancrer ce sentiment. Leur amour avait été mis à l'épreuve de la plus brutale des manières : des nuits de désespoir face à sa maladie, des jours où la peur de perdre l'autre semblait insurmontable, et ces moments où leur vie avait littéralement tenu à un fil.

— Clara, j'ai quelque chose à te dire… lança Rafael avec hésitation.

Avant qu'il ne puisse continuer, Clara posa délicatement son index sur ses lèvres, lui intimant de ne pas en dire davantage. Son regard exprimait tout ce qu'aucun mot ne pourrait traduire.

— Tu sais, Rafael, murmura-t-elle doucement, son regard plongé dans le sien, ce qu'on a vécu aurait pu nous briser…

Elle marqua une pause, choisissant ses mots avec soin.

— Mais ça nous a rendus plus forts. Plus unis. Ces épreuves, quelles qu'elles soient… elles sont devenues notre ciment.

Rafael acquiesça doucement, un éclat de reconnaissance et de tendresse dans les yeux. Il savait qu'elle avait raison. Ces moments où il avait cru la perdre, ces instants où il s'était battu contre le désespoir, n'avaient fait que renforcer l'importance qu'elle avait dans sa vie.

—Clara… Rien ne pourra nous séparer.

Clara sourit, sa confiance renforcée par ses paroles. Elle savait que leur couple avait non seulement survécu, mais qu'il en était ressorti grandi, invincible. Ils étaient prêts à affronter l'avenir, ensemble.

— Et maintenant ? Que comptes-tu faire ? demanda Clara.

Rafael réfléchit un instant, son regard se perdant dans les feuillages du parc. Il serra doucement la main de Clara.

— Continuer à avancer, avec toi. La science, la vie… Peu importe ce que l'avenir réserve, tant que tu es là, je suis prêt.

Clara touchée par ses mots, se blottit un peu plus contre lui.

Rafael réfléchit un instant, regardant les cygnes glisser paisiblement sur l'eau.

— Je pense écrire. Raconter ce qui s'est passé. Tout

ce qu'on a découvert. Il est temps que le monde sache. Parce que derrière tout ça, il y a aussi une vérité magnifique sur le microbiote et son potentiel. Et il y a tant de choses que les gens doivent encore apprendre. Et puis, c'est une façon de réhabiliter Andrew.

Clara posa une main sur son visage, le regardant avec une affection sincère. Ils restèrent là, unis dans le calme apaisant du *Public Garden*, laissant le passé derrière eux tout en imaginant un avenir qu'ils pouvaient enfin construire ensemble.

POSTFACE

Cher lecteur,

Avant tout, merci. Merci d'avoir lu ce roman jusqu'à la dernière page. Si vous êtes arrivé(e) jusqu'ici, c'est que vous avez accepté de suivre cette aventure, de découvrir ses personnages, son intrigue et, je l'espère, d'apprendre quelques éléments fascinants sur un sujet qui me passionne : le microbiote intestinal.

Écrire un roman en tant que chercheur n'est pas une évidence. Dans mon monde, les règles sont bien établies : publier des articles scientifiques, participer à des conférences, ou écrire des ouvrages techniques pour un public averti. Mais un roman, c'est différent. C'est s'éloigner des formats codifiés, s'exposer à d'autres attentes, et surtout, prendre le risque de ne pas être compris. Pourtant, ce risque, j'ai choisi de le prendre.

Pourquoi ? Parce que la science regorge de découvertes extraordinaires qui restent trop souvent inconnues du grand public. Mon envie était simple : construire un pont entre le monde de la science et celui du quotidien. Le roman m'a semblé être le véhicule parfait pour mêler science et divertissement, transmettre des connaissances tout en captivant, et, pourquoi pas, éveiller l'intérêt de ceux qui n'auraient peut-être jamais pensé s'intéresser à ces sujets.

Cette idée m'a été inspirée lors de vacances en famille sur la presqu'île de Quiberon. Mes proches, qui connaissent mon amour des thrillers, m'ont encouragé à explorer cette voie : « Pourquoi ne pas écrire une histoire mêlant science du microbiote et suspense ? ».

Et c'est ainsi qu'a commencé cette aventure. J'ai d'abord écrit pendant mes week-ends et mes soirées, grappillant du temps ici et là dans un quotidien déjà bien rempli. Puis, j'ai réalisé que mes 2 heures de trajets quotidiens en RER pouvaient devenir des moments de création, — ou, devrais-je dire, de récréation. Certains s'isolent face à la mer pour écrire ; moi, je m'installais à mon bureau d'écrivain nomade, près d'une fenêtre du RER C, un carnet virtuel ouvert, laissant mes pensées se poser au rythme des conversations en arrière-plan et des annonces qui ponctuaient le trajet.

Je ne suis pas un écrivain professionnel, et certains amateurs de thrillers pourraient relever des faiblesses dans ce roman. Je l'admets volontiers. Mon objectif avec ce livre n'était pas la perfection littéraire, mais plutôt de transmettre des messages scientifiques, enveloppés dans une histoire captivante. J'espère simplement que vous serez indulgents.

Pour m'aider dans l'écriture, j'ai pu compter sur les véritables piliers de ce roman : ma famille. Mon fils, alors âgé de 14 ans, est devenu mon premier critique. Il lisait chaque chapitre dès qu'il était terminé, partageant avec une franchise désarmante ce qui fonctionnait et ce qui, selon lui, méritait d'être retravaillé. Ma fille, âgée de 12 ans et débordante d'imagination, m'a offert des idées inattendues et a souvent contribué à structurer l'intrigue, ajoutant sa touche personnelle et créative à l'histoire.

Quant à ma femme, elle a été une alliée précieuse. Avec patience et perspicacité, elle a endossé le rôle d'éditrice finale, relisant le manuscrit avec un regard à la fois critique et bienveillant. Elle m'a aussi offert ce que tout écrivain en herbe rêve d'avoir : du temps. Elle m'a soutenu en me laissant consacrer nos week-ends et nos vacances à ce projet.

C'est grâce à eux que ce livre a vu le jour. Leur soutien, leurs idées et leur enthousiasme ont transformé cette aventure en un véritable projet familial. Et j'espère sincèrement que ce roman trouvera sa place dans votre propre famille, captivant les lecteurs de tous âges, des plus jeunes aux plus expérimentés.

Ce livre contient une part de moi-même.

Bien que ce livre ne soit pas autobiographique, il reflète, comme souvent dans la fiction, des fragments de mon expérience. Certains traits de caractère, quelques personnages et des situations s'inspirent de ce que j'ai vécu. Mais pour éviter tout malentendu, je tiens à rassurer ma femme : la scène entre Mary et Rafael est purement imaginaire !

J'ai choisi de situer l'intrigue à Boston pour deux raisons. Tout d'abord, cette ville occupe une place particulière dans ma vie. Ma famille et moi y avons passé trois années inoubliables, durant lesquelles j'ai eu le privilège de travailler au sein de la prestigieuse *Harvard School of Public Health*. Ensuite, Boston est un véritable berceau des biotechnologies, particulièrement dans le domaine du microbiote. Si je devais écrire un livre sur ce sujet, il ne pouvait se dérouler ailleurs. Pour donner vie à cet univers, j'ai imaginé Themis Therapeutics et son produit TH-50. Bien qu'entièrement fictifs, ils s'inspirent directement de la société Seres Therapeutics, basée à Boston, pionnière du premier traitement oral à base de spores isolées du microbiote intestinal humain, conçu pour traiter les infections à *C. difficile*.

Pour écrire ce livre, je me suis inspiré d'auteurs que j'admire profondément : Joël Dicker, Stephen King, Harlan Coben, John Grisham, et un auteur que j'ai découvert plus récemment : José Rodrigues dos Santos. Cet auteur portugais excelle dans l'art de mêler science, histoire et suspense avec un talent incroyable. Si, comme moi, vous aimez apprendre tout en vous divertissant, je ne peux que vous recommander ses ouvrages.

Professionnellement, ce livre est le reflet des années de recherche que j'ai dédiées à l'étude du microbiote intestinal. Je vous livre ici des sujets que je maîtrise bien, soit parce que j'ai eu la chance de travailler dessus moi-même, soit parce que j'ai suivi de près ces travaux. Déformation professionnelle oblige, j'ai pris soin de référencer mes sources. Vous trouverez toutes les références nécessaires à la fin du livre, pour vérifier les faits et les chiffres présentés.

Toutefois, vous l'aurez compris, ce roman n'est pas un manuel de science, et certains éléments scientifiques sont fictifs. *Clostridium elium*, *clpO*, les Héritiers de Metchnikoff, Tatsiana et tous les personnages sont issus de mon imagination. Les seuls scientifiques réels sont ceux explicitement mentionnés pour leurs travaux. Et pour dissiper tout malentendu : non, l'épidémie d'obésité n'est pas le fruit d'un complot japonais, ni d'une bactérie introduite par l'homme.

Si vous vous demandez pourquoi j'ai choisi d'écrire un livre sur l'héritage d'Élie Metchnikoff, sachez que l'idée a pris racine durant les années où j'ai travaillé comme scientifique dans le département Recherche et Développement d'un grand groupe agroalimentaire spécialisé dans les yaourts et les probiotiques, que vous aurez sans doute identifié.

C'est là que j'ai découvert Metchnikoff pour la

première fois, cet esprit visionnaire dont les travaux, bien qu'anciens, semblaient éclairer chaque aspect des recherches que je menais sur le microbiote, les produits fermentés et les probiotiques.

Plus récemment, j'ai redécouvert Metchnikoff d'une manière plus intime et profonde. La revue Histoire de la Recherche Contemporaine du CNRS m'a sollicité pour que j'écrive un article scientifique retraçant l'histoire des découvertes sur le microbiote intestinal et leur impact sur notre alimentation. En me replongeant dans cette période effervescente, à cheval entre le XIXe et le XXe siècle, je me suis retrouvé face à l'œuvre de Metchnikoff et de ses contemporains. Ce qui m'a frappé, c'est que l'enthousiasme actuel autour des recherches sur le microbiote intestinal n'est pas nouveau. Il était déjà bien présent il y a plus d'un siècle, porté par ces pionniers qui ont osé explorer un territoire encore largement inconnu. J'ai réalisé qu'il était temps de leur rendre hommage. Ces chercheurs visionnaires, avec leurs idées parfois en avance sur leur époque, ont jeté les bases de ce que nous continuons d'explorer aujourd'hui. Leur audace, leur curiosité et leur détermination méritaient d'être célébrées, pas seulement dans les cercles académiques, mais aussi auprès d'un public plus large.

Aujourd'hui, en tant que directeur de recherche à l'INRAE, mon horizon s'est élargi. Mes travaux portent sur la manière dont l'alimentation, dans toute sa complexité, façonne le microbiote intestinal et, à travers lui, notre santé globale. Cette exploration dépasse de loin le cadre des seuls probiotiques et produits fermentés, mais l'héritage de Metchnikoff reste omniprésent.

Pour aller plus loin, si ce livre vous a intéressé et que vous souhaitez continuer de découvrir les secrets du microbiote intestinal, je vous invite à lire des livres que je trouve fabuleux sur le sujet et destinés au grand public :

- *Les extraordinaires pouvoirs du ventre – Un fabuleux voyage à la découverte des pouvoirs de notre microbiote* de Harry Sokol, Édition : Boeck supérieur
- *Incroyable microbiote ! Voyage au cœur des étonnants pouvoirs de l'intestin* de Julien Scanzi– Édition : Leduc
- *Mon microbiote sur mesure* de Véronique Liesse – Édition : Leduc
- *Le charme discret de l'intestin : tout sur un organe mal aimé…* de Giulia Enders – Édition : Actes Sud

Et pour les plus avertis, je vous conseille :

- *L'Homme microbiotique* de Patrice Debré, Edition : Odile Jabob
- *Le microbiote intestinal : un organe à part entière* de Philippe Marteau et Joël Doré, Edition : John Libbey Eurotext

Il existe bien sûr de nombreux autres ouvrages remarquables sur le sujet, mais je n'ai malheureusement pas la place de tous les mentionner ici. Ces titres, cependant, constituent une excellente porte d'entrée pour découvrir ce fascinant univers. Bonne lecture !

Je tiens à remercier toutes les personnes qui ont rendu ce livre possible. À commencer par ma famille, bien sûr, pour leur soutien indéfectible et leur implication active tout au long de ce projet. Ils ont été mes premiers lecteurs, mes critiques les plus honnêtes et mes encouragements les plus précieux.

Un immense merci à Saulius Kulakauskas, mon ancien directeur de thèse, et à sa femme, Catherine Jésus. C'est grâce à eux que j'ai eu l'opportunité d'écrire la revue scientifique sur Élie Metchnikoff que je mentionne plus haut. Sans cette invitation, ce projet n'aurait probablement jamais vu le jour.

Je tiens également à remercier mes collègues, passés et présents, auprès de qui j'ai tant appris au fil des ans. Un merci tout particulier à Joël Doré, souvent surnommé le "pape" du microbiote intestinal, avec qui j'ai l'honneur de travailler au quotidien. Il a généreusement accepté de relire ce manuscrit, d'apporter son regard expert sur certains passages scientifiques et, avec une rare bienveillance, d'écrire la préface de ce livre.

Je suis aussi profondément reconnaissant envers Alexandre Cavezza, directeur de l'unité où je travaille. C'est lui qui m'a fait découvrir l'écrivain portugais José Rodrigues dos Santos, une influence marquante dans ce projet. Il a même accepté de consacrer une partie de ses vacances à lire ce manuscrit et m'a offert des commentaires d'une justesse remarquable.

Enfin, je veux remercier mon beau-père, Gérard Trouche. Son regard extérieur, en tant qu'ancien professeur et scientifique hors de ce domaine, a été précieux. Il a su pointer des détails que j'aurais pu négliger. Ses remarques éclairées ont contribué à rendre ce livre meilleur.

Pour conclure, je tiens à vous remercier encore une fois, cher lecteur, d'avoir pris le temps de vous plonger dans cette histoire. Si ce livre a éveillé en vous des questions, une fascination pour la science, ou simplement le plaisir de découvrir le monde invisible du microbiote, alors j'aurai atteint mon objectif.

À bientôt, dans une prochaine histoire, à une conférence, sur les réseaux sociaux…ou peut-être dans un laboratoire.

Patrick Veiga
Janvier 2025

PS : Votre avis est précieux pour moi. N'hésitez pas à laisser un commentaire sur Amazon, je prendrai le temps de le lire avec attention. Si vous souhaitez me laisser un message personnel, vous pouvez vous rendre sur le site officiel : **missionmicrobiome.com**, ou me suivre sur les réseaux sociaux, sur mon compte Instagram @microbiomedoctor ou sur ma page LinkedIn : https://www.linkedin.com/in/patrickveiga/.

Site officiel : missionmicrobiome.com

RÉFÉRENCES

Chapitre 1

Le microbiote intestinal est composé d'environ 38 000 milliards de bactéries, soit autant que les cellules humaines elles-mêmes.

- Sender R, Fuchs S, Milo R. Revised Estimates for the Number of Human and Bacteria Cells in the Body. *PLoS Biol.* 2016 Aug 19;14(8):e1002533. doi: 10.1371/journal.pbio.1002533. PMID: 27541692; PMCID: PMC4991899.

La "flore intestinale" était vue par certains chercheurs, y compris l'éminent prix Nobel Élie Metchnikoff, comme une source de toxines, voire une aberration évolutive à corriger.

- Bested, A.C., Logan, A.C. & Selhub, E.M. Intestinal microbiota, probiotics and mental health: from Metchnikoff to modern advances: Part I – autointoxication revisited. *Gut Pathog* **5**, 5 (2013). https://doi.org/10.1186/1757-4749-5-5

Les travaux de l'équipe du Dr Jeffrey Gordon, de

l'Université de Washington, montrant qu'une souris mince devenait obèse en recevant le microbiote d'une souris obèse.

- Turnbaugh, P., Ley, R., Mahowald, M. *et al.* An obesity-associated gut microbiome with increased capacity for energy harvest. *Nature* 444, 1027–1031 (2006). doi :10.1038/nature05414

Une équipe de l'université de Rouen, en France, a montré que *clpB* agit comme un mimétique de l'alpha-MSH, c'est-à-dire qu'il imite son action et est capable de réduire l'appétit.

- Breton J, Tennoune N, Lucas N, Francois M, Legrand R, Jacquemot J, Goichon A, Guérin C, Peltier J, Pestel-Caron M, Chan P, Vaudry D, do Rego JC, Liénard F, Pénicaud L, Fioramonti X, Ebenezer IS, Hökfelt T, Déchelotte P, Fetissov SO. Gut Commensal *E. coli* Proteins Activate Host Satiety Pathways following Nutrient-Induced Bacterial Growth. *Cell Metab.* 2016 Feb 9;23(2):324-34. doi: 10.1016/j.cmet.2015.10.017. Epub 2015 Nov 24. PMID: 26621107.

Chapitre 2

Nos ancêtres consommaient au moins six fois plus de fibres qu'actuellement, soit plus de 100 grammes par jour.

- Eaton SB. The ancestral human diet: what was it and should it be a paradigm for contemporary nutrition? *Proceedings of the Nutrition Society.* 2006;65(1):1-6. doi:10.1079/PNS2005471

Les bactéries nous apportent bien plus que de l'énergie. Elles contribuent à fabriquer des vitamines et éduquent notre système immunitaire.

- Derrien M, Veiga P. Rethinking Diet to Aid Human-Microbe Symbiosis.*Trends Microbiol.* 2017 Feb;25(2):100-112. Epub 2016 Oct 26. doi : 10.1016/j.tim.2016.09.011.

Les bactéries pourraient même influencer notre comportement.

- Vuong HE, Yano JM, Fung TC, Hsiao EY. The Microbiome and Host Behavior. *Annu Rev Neurosci.* 2017 Jul 25;40:21-49. doi: 10.1146/annurev-neuro-072116-031347. Epub 2017 Mar 8.

Notre microbiote se renouvelle moins, s'appauvrit et sa diversité décroît.

- Segata, N. "Gut Microbiome: Westernization and the Disappearance of Intestinal Diversity." *Current Biology* 25 (2015): R611-R613. https://doi.org/10.1016/j.cub.2015.05.040

Le professeur Martin Blaser de l'université de Rutgers parle même de *missing microbes* — des microbes perdus.

- Missing Microbes: How the Overuse of Antibiotics Is Fueling Our Modern Plagues Martin J. Blaser, New York: Henry Holt & Company, 2014. 274 pp.

Certains chercheurs ont créé le Microbiota Vault, un projet ambitieux visant à conserver des échantillons de microbiotes humains provenant de populations encore préservées de ce déclin.

- https://www.microbiotavault.org/

Ces changements dans notre microbiote pourraient

expliquer l'augmentation de certaines maladies (maladie de Crohn, recto-colite hémorragique, Parkinson, Alzheimer, autisme, diabète, obésité).

- de Vos WM, Tilg H, Van Hul M, Cani PD. Gut microbiome and health: mechanistic insights. *Gut.* 2022 May;71(5):1020-1032. doi: 10.1136/gutjnl-2021-326789. Epub 2022 Feb 1.

Chapitre 3

Chez les bébés, il existe un paradoxe : une majorité d'entre eux sont colonisés par *C. difficile* sans qu'ils ne présentent aucun symptôme.

- Nicholson, M.R.; Thomsen, I.P.; Edwards, K.M. Controversies Surrounding Clostridium difficile Infection in Infants and Young Children. *Children* 2014, 1, 40-47. doi : 10.3390/children1010040

La transplantation fécale, ou greffe de microbiote, pour soigner une infection récurrente à *C. difficile* affiche un taux de succès d'environ 90 %. La première étude qui a validé cette pratique a été menée par une équipe néerlandaise:

- van Nood E, Vrieze A, Nieuwdorp M, Fuentes S, Zoetendal EG, de Vos WM, Visser CE, Kuijper EJ, Bartelsman JF, Tijssen JG, Speelman P, Dijkgraaf MG, Keller JJ. Duodenal infusion of donor feces for recurrent Clostridium difficile. *N Engl J Med.* 2013 Jan 31;368(5):407-15. doi: 10.1056/NEJMoa1205037. Epub 2013 Jan 16. PMID: 23323867.

Des écrits chinois datant de près de 1 700 ans mentionnent une soupe jaune utilisée pour traiter des troubles gastro-intestinaux sévères, comme les diarrhées graves ou les empoisonnements alimentaires. Cette soupe était déjà un mélange de matières fécales diluées.

- Du, H., Kuang, Tt., Qiu, S. *et al.* Fecal medicines used in traditional medical system of China: a systematic review of their names, original species, traditional uses, and modern investigations. *Chin Med* 14, 31 (2019). doi :10.1186/s13020-019-0253-x
- Zhang F, Luo W, Shi Y, Fan Z, Ji G. Should we standardize the 1,700-year-old fecal microbiota transplantation? *Am J Gastroenterol.* 2012 Nov;107(11):1755; author reply p.1755-6. doi: 10.1038/ajg.2012.251.

Le protocole de sélection des donneurs pour les transplantations fécales est très rigoureux. Nous examinons donc plusieurs candidats, et sur environ 100 personnes évaluées, seulement 3 sont jugées éligibles.

- Kassam Z, Dubois N, Ramakrishna B, Ling K, Qazi T, Smith M, Kelly CR, Fischer M, Allegretti JR, Budree S, Panchal P, Kelly CP, Osman M. Donor Screening for Fecal Microbiota Transplantation. *N Engl J Med.* 2019 Nov 21;381(21):2070-2072. Epub 2019 Oct 30. doi: 10.1056/NEJMc1913670

Je citerai le cas, souvent évoqué, d'une femme qui a pris du poids après avoir reçu le microbiote de sa fille, elle-même obèse.

- Alang N, Kelly CR. Weight gain after fecal microbiota transplantation. *Open Forum Infect Dis.* 2015 Feb 4;2(1):ofv004. doi: 10.1093/ofid/ofv004.

La transplantation fécale est aujourd'hui explorée pour traiter d'autres pathologies : maladies inflammatoires de l'intestin comme Crohn, troubles métaboliques comme le diabète ou l'obésité, et même des maladies neurodégénératives ou neuropsychiatriques comme Alzheimer, Parkinson, l'autisme ou la dépression.

- Yadegar A, Bar-Yoseph H, Monaghan TM, Pakpour S, Severino A, Kuijper EJ, Smits WK, Terveer EM, Neupane S, Nabavi-Rad A, Sadeghi J, Cammarota G, Ianiro G, Nap-Hill E, Leung D, Wong K, Kao D. Fecal microbiota transplantation: current challenges and future landscapes. *Clin Microbiol Rev.* 2024 Jun 13;37(2):e0006022. doi: 10.1128/cmr.00060-22. Epub 2024 May 8.

Chapitre 5

Themis Therapeutics et son produit TH-50 sont fictifs. Toutefois, ils s'inspirent de la société Seres Therapeutics basée à Boston, qui a développé le premier traitement oral comprenant une cinquantaine de spores isolées du microbiote intestinal humain visant à traiter les infections à *C. difficile.* Ce produit a été approuvé par le régulateur américain : la FDA.

- Feuerstadt P, Louie TJ, Lashner B, Wang EEL, Diao L, Bryant JA, Sims M, Kraft CS, Cohen SH, Berenson CS, Korman LY, Ford CB, Litcofsky KD, Lombardo MJ, Wortman JR, Wu H, Auniņš JG, McChalicher CWJ, Winkler JA, McGovern BH, Trucksis M, Henn MR, von Moltke L. SER-109, an Oral Microbiome Therapy for Recurrent *Clostridioides difficile* Infection. *N Engl J Med.* 2022 Jan 20;386(3):220-229. doi:

10.1056/NEJMoa2106516.

Entre 20 et 30 % des patients atteints de *C. difficile* ne répondent pas aux antibiotiques. Les infections à *C. difficile* représentent environ 5 milliards de dollars en coûts de santé.

- Feuerstadt, P., Theriault, N. & Tillotson, G. The burden of CDI in the United States: a multifactorial challenge. *BMC Infect Dis* **23**, 132 (2023). doi :10.1186/s12879-023-08096-0

Les travaux de Joël Doré montrant que la composition du microbiote influence la façon dont les ferments traditionnels, peuvent limiter les effets des bonnes bactéries.

- Chenhong Zhang, Muriel Derrien, Florence Levenez, Rémi Brazeilles, Sonia A Ballal, Jason Kim, Marie-Christine Degivry, Gaëlle Quéré, Peggy Garault, Johan E T van Hylckama Vlieg, Wendy S Garrett, Joël Doré, Patrick Veiga, Ecological robustness of the gut microbiota in response to ingestion of transient food-borne microbes, *The ISME Journal*, Volume 10, Issue 9, September 2016, Pages 2235–2245, doi :10.1038/ismej.2016.13

Chapitre 6

Les spores, c'est un peu comme le pollen du microbiote. Elles jouent un rôle clé dans l'ensemencement et l'établissement du microbiote intestinal. Ce qui les rend uniques, c'est leur incroyable résistance.

- Egan M, Dempsey E, Ryan CA, Ross RP,

Stanton C. The Sporobiota of the Human Gut. *Gut Microbes.* 2021 Jan-Dec;13(1):1-17. doi: 10.1080/19490976.2020.1863134.

Dans un intestin en bonne santé, les bactéries sporulantes transforment ces acides biliaires de manière à maintenir *C. difficile* en sommeil.

- Feuerstadt P, Louie TJ, Lashner B, Wang EEL, Diao L, Bryant JA, Sims M, Kraft CS, Cohen SH, Berenson CS, Korman LY, Ford CB, Litcofsky KD, Lombardo MJ, Wortman JR, Wu H, Auniņš JG, McChalicher CWJ, Winkler JA, McGovern BH, Trucksis M, Henn MR, von Moltke L. SER-109, an Oral Microbiome Therapy for Recurrent *Clostridioides difficile* Infection. *N Engl J Med.* 2022 Jan 20;386(3):220-229. doi: 10.1056/NEJMoa2106516.

Élie Metchnikoff a laissé une empreinte indélébile. Il a vécu à la fin du 19e siècle et au début du 20e, a reçu un prix Nobel pour ses travaux en immunologie sur la phagocytose et est aujourd'hui considéré comme le "père" des probiotiques.

- Cavaillon JM, Legout S. Centenary of the death of Elie Metchnikoff: a visionary and an outstanding team leader. Microbes Infect. 2016 Oct;18(10):577-594. Epub 2016 Jun 7. doi: 10.1016/j.micinf.2016.05.008.
- Metchnikoff, Elie, and P. Chalmers Mitchell. *The Prolongation of Life: Optimistic Studies.* New York & London: G.P. Putnam's Sons, 1908.

Elie Metchnikoff est à l'origine de la popularisation des yaourts et des probiotiques dans le monde.

- Nosaka, Shiori. « Chapitre 2. Des promesses qui

circulent : socio-histoire des probiotiques entre la France et le Japon ». Promesses alimentaires, édité par Tristan Fournier et Sébastien Dalgalarrondo, Éditions de la Maison des sciences de l'homme, 2022, doi : 10.4000/books.editionsmsh.58343.

- Patrick Veiga, Silvia Miret & Liliana Jiménez. Danone: The gut microbiome and probiotics – 100 years of shared history. https://www.nature.com/articles/d42473-019-00336-9
- Osamu Chonan. Yakult's research activities: The inheritance and practice of Shirota-ism. https://www.nature.com/articles/d42473-019-00016-8

Dès le début du XXe siècle, des ferments étaient déjà commercialisés en pharmacie, comme la Lactobacilline, et des publicités, étonnamment similaires à celles d'aujourd'hui, en vantaient les bienfaits pour la digestion et la santé.

- Nosaka, Shiori. « Chapitre 2. Des promesses qui circulent : socio-histoire des probiotiques entre la France et le Japon ». Promesses alimentaires, édité par Tristan Fournier et Sébastien Dalgalarrondo, Éditions de la Maison des sciences de l'homme, 2022, doi :10.4000/books.editionsmsh.58343.
- "Lactic Ferments For Production Of Sour Milk." The British Medical Journal, vol. 1, no. 2506, 1909, pp. 104–05. *JSTOR*.

Chapitre 8

Étude sur le microbiote japonais qui a montré que les

Japonais portent un gène unique, celui qui permet la dégradation des algues utilisées pour les makis :

- Hehemann, JH., Correc, G., Barbeyron, T. *et al.* Transfer of carbohydrate-active enzymes from marine bacteria to Japanese gut microbiota. *Nature* 464, 908–912 (2010). doi :10.1038/nature08937

Chapitre 9

Une souche vivante, administrée en quantité suffisante, avec des études cliniques solides pour prouver son efficacité. Définition de probiotique :

- Hill C, Guarner F, Reid G, Gibson GR, Merenstein DJ, Pot B, Morelli L, Canani RB, Flint HJ, Salminen S, Calder PC, Sanders ME. Expert consensus document. The International Scientific Association for Probiotics and Prebiotics consensus statement on the scope and appropriate use of the term probiotic. *Nat Rev Gastroenterol Hepatol.* 2014 Aug;11(8):506-14. doi: 10.1038/nrgastro.2014.66. Epub 2014 Jun 10.

Beaucoup de produits affichent "probiotique" en gros sur l'emballage. Ce qui compte, ce sont les preuves scientifiques. Est-ce que la souche a été testée dans des études sérieuses ? Est-ce qu'elle a démontré un bénéfice concret pour la santé ?

- Sniffen JC, McFarland LV, Evans CT, Goldstein EJC. Choosing an appropriate probiotic product for your patient: An evidence-based practical guide. *PLoS One.* 2018 Dec 26;13(12):e0209205. doi: 10.1371/journal.pone.0209205.

Étude sur des mouches montrant que lorsqu'elles mangent les mêmes repas, elles sont attirées les unes par les autres. Cet effet disparaissait lorsqu'elles recevaient des antibiotiques, ce qui montre clairement que le microbiote joue un rôle dans les phénomènes d'attraction.

- Sharon G, Segal D, Ringo JM, Hefetz A, Zilber-Rosenberg I, Rosenberg E. Commensal bacteria play a role in mating preference of Drosophila melanogaster. *Proc Natl Acad Sci U S A.* 2010 Nov 16;107(46):20051-6. Epub 2010 Nov 1 doi: 10.1073/pnas.1009906107.

Chapitre 10

Description du rôle des plasmides dans le microbiote intestinal.

- Zorea A, Pellow D, Levin L, Pilosof S, Friedman J, Shamir R, Mizrahi I. Plasmids in the human gut reveal neutral dispersal and recombination that is overpowered by inflammatory diseases. *Nat Commun.* 2024 Apr 11;15(1):3147. doi: 10.1038/s41467-024-47272-x.

L'équipe de Rob Knight, de l'Université de Californie à San Diego, a montré que la présence d'un chien était associée à une plus grande diversité du microbiote intestinal chez leurs propriétaires.

- Song SJ, Lauber C, Costello EK, Lozupone CA, Humphrey G, Berg-Lyons D, Caporaso JG, Knights D, Clemente JC, Nakielny S, Gordon JI, Fierer N, Knight R. Cohabiting family members share microbiota with one another and with their dogs. *Elife.* 2013 Apr 16;2:e00458. doi:

10.7554/eLife.00458.

La théorie de l'hygiène a été formulée pour la première fois en 1989 par un chercheur britannique, David Strachan. Il a observé que les enfants ayant plus de frères et sœurs avaient moins de risques de développer des maladies liées à un dérèglement du système immunitaire, comme l'asthme ou l'eczéma. Il a émis l'hypothèse que l'exposition précoce à une grande diversité de germes pouvait jouer un rôle protecteur en modulant notre système immunitaire.

- Strachan DP. Hay fever, hygiene, and household size. *BMJ*. 1989 Nov 18;299(6710):1259-60. doi: 10.1136/bmj.299.6710.1259.
- D.A. Vuitton, A. Divaret-Chauveau, M.-L. Dalphin, J.-J. Laplante, E. von Mutius, J.-C. alphin, Protection contre l'allergie par l'environnement de la ferme : en 15 ans, qu'avons-nous appris de la cohorte européenne « PASTURE » ?, *Bulletin de l'Académie Nationale de Médecine*, Volume 203, Issue 7, 2019, Pages 618-630, doi : 10.1016/j.banm.2019.05.020.

Chapitre 11

Léon Metchnikoff était le frère d'Élie, de sept ans son aîné. Il était géographe, passionné de langues étrangères. Léon est particulièrement connu pour sa contribution à La Nouvelle Géographie Universelle, un ouvrage monumental dirigé par Élisée Reclus au 19e siècle.

- Jean Esmein, « Une Merveille de l'histoire – Le Japon vu par Élisée Reclus et Léon Metchnikoff », *Revue*, n° 846, janvier 2022, p. 124-126.

Yushirô Senshû, médecin à Tokyo, souffrant lui-même de troubles intestinaux causés par son diabète, a commencé à fabriquer son propre lait fermenté grâce aux ferments de la Lactobacilline.

Kaiun Mishima, en 1919, s'inspira du produit fermenté de Senshû et améliora la recette pour créer une boisson fermentée qu'il nomma Calpis.

En 1935, un scientifique visionnaire du nom de Minoru Shirota a transformé l'essai, a isolé une souche bactérienne capable de résister aux conditions stressantes du tractus digestif, qu'il a utilisée pour fermenter un lait et créer le Yakult.

En 1971, la firme japonaise Morinaga a lancé le tout premier produit laitier contenant une souche de *Bifidobacterium longum.*

- Nosaka, Shiori. « Chapitre 2. Des promesses qui circulent : socio-histoire des probiotiques entre la France et le Japon ». Promesses alimentaires, édité par Tristan Fournier et Sébastien Dalgalarrondo, Éditions de la Maison des sciences de l'homme, 2022, https://doi.org/10.4000/books.editionsmsh.58343.
- Reid G. 1999. The Scientific Basis for Probiotic Strains of *Lactobacillus. Appl Environ Microbiol* 65:. https://doi.org/10.1128/AEM.65.9.3763-3766.1999
- Reuter, G. (1990). Bifidobacteria cultures as components of yoghurt-like products. *Bifidus,* 9(2),107–118.doi :10.12938/bifidus1982.9.2_107

Chapitre 12

L'obésité et les maladies associées tuent chaque année plus de 200 000 personnes aux États-Unis.

- Allison DB, Fontaine KR, Manson JE, Stevens J, VanItallie TB. Annual deaths attributable to obesity in the United States. *JAMA*. 1999 Oct 27;282(16):1530-8. doi :10.1001/jama.282.16.1530.

Dépôt légal février 2025

Printed in France by Amazon
Brétigny-sur-Orge, FR

32038482R10135